Handbuch für

Nano-Aquarien

Back to Nature
Handbuch für

Nano-Aquarien

Kjell Fohrman
José Kienjet
Ralph Töning

Deutsche Überarbeitung:
Ingo Seidel

ISBN 978-3-935175-60-9

Fohrman Aquaristik AB
Schweden
Website: www.backtonature.nu

Vertrieb der deutschen Ausgabe:
Dähne Verlag
Postfach 10 02 50
76256 Ettlingen
Deutschland
www.aquaristikaktuell.de
Layout: Iteca, Schweden
Druck: Graspo CZ, a.s., Tschechien

Titelbild. Siehe Info auf Seite 29
Innenumschlag. 17-Liter-Aquarium. Foto Magnus Löfdahl
Seite 2. *Tanichthys micagemmae.* Foto Sonja Cygnel.
Diese Seite. Ein wunderschönes offenes 21-Liter-Nano-Aquarium. Foto Takashi Amano.
Nächste Seite: Eine Weißperlen-Garnele bewegt sich an der Seitenscheibe des Aquariums auf und ab. Foto Kjell Fohrman

Inhalt

Vorwort

In den letzten Jahren haben die sogenannten Nano-Aquarien große Popularität erlangt. Einer der Gründe ist die Entdeckung vieler attraktiver und farbiger Garnelenarten sowie der Trend zu dekorativen Pflanzenaquarien. Das war jedoch auch ausgesprochen notwendig, da es bekanntermaßen in größeren Aquarien sehr viel einfacher ist als in kleineren, ein biologisches Gleichgewicht zu erzielen. Heute erhält man komplette Nano-Aquarien-Sets mit einem schönen Design, die hervorragend funktionieren.

Einige Leute vertreten jedoch immer noch die Ansicht, dass überhaupt keine lebenden Tiere in kleinen Aquarien gepflegt werden sollten. Wir denken, dass diese Sichtweise falsch ist. Die Ansprüche einer Art an die Größe des Aquariums lassen sich in erster Linie anhand ihrer Länge und anhand ihres Verhaltens (Revierverhalten, Schwarmverhalten, schneller Schwimmer, ruhige Art etc.) ersehen. Natürlich schränkt eine geringe Aquariengröße die Anzahl der Arten, die darin gepflegt werden können, sehr stark ein und so eignen sich von den etwa 3500 Fischarten, die im Handel mehr oder weniger regelmäßig verfügbar sind, vielleicht „nur" ca. 500 für eine Pflege in Nano-Aquarien. Sicherlich ist es gerade unter diesen Bedingungen besonders wichtig, auf die regelmäßige Pflege eines solchen Lebensraumes zu achten und eine effektive biologische Filterung zu gewährleisten.

Das Ziel dieses Buches ist, dem interessierten Aquarianer einige Basisinformationen zu geben, wie man ein Nano-Aquarium betreibt und weiterhin darüber zu informieren, welche Arten von Fischen, Garnelen, Krebsen, Krabben, Schnecken und Pflanzen sich für eine Pflege in einem solchen Kleinstlebensraum eignen.

Wir möchten uns an dieser Stelle besonders bei Anita Persson, Lars-Erik Forsberg, Mikael Håkansson, Mary Bailey, Willem Ennik, Claus Christensen und Hjördis Fohrman bedanken, die auf verschiedene Art und Weise dazu beigetragen haben, dass dieses Buch in dieser Qualität und Informationsfülle erscheinen konnte. Weiterhin gilt unser Dank auch allen exzellenten Fotografen, die uns Fotos zur Veröffentlichung zur Verfügung gestellt haben. Ohne sie wäre es nicht möglich gewesen, dieses Buch zu produzieren. Auf Seite 155 finden Sie eine Liste der Fotografen und welche Fotos sie beigetragen haben. Einige Firmen (Aqua Design Amano, Japan; Reef One, Großbritannien; Amtra-Aquaristik, Deutschland; Dennerle GmbH, Deutschland, On the Rocks, Schweden; Imazo, Schweden; Akvarieteknik, Schweden; Dogman, Schweden) haben uns zu fotografischen Zwecken für dieses Buch ihre Produkte zur Verfügung gestellt - wir sind dafür sehr dankbar.

Dieses Buch wird in diversen Sprachen veröffentlicht und wir sind den vielen sehr enthusiastischen Übersetzern für ihre wertvolle Arbeit sehr dankbar.

Seite 6. *Danio margaritatus* ist einer der hübschesten und farbigsten Zierfische und eignet sich sehr gut für das Nano-Aquarium. Foto Daniel Larsson
Seite 7. Die King-Kong-Zwerggarnele ist eine der zahlreichen Garnelen-Zuchtformen. Foto Mattias Allroth

Die Geschichte der Nano-Aquarien

Das aus dem Griechischen stammende Wort „Nano" bedeutet „Zwerg" und folglich ist ein Nano-Aquarium ein „Zwerg-Aquarium" oder vielleicht korrekter ein kleines Aquarium. In diesem Buch möchten wir Aquarien bis 60 Liter Inhalt als Nano-Aquarien bezeichnen. Kleine Aquarien gab es auch in der Vergangenheit schon, sie wurden allerdings überwiegend zu Zuchtzwecken genutzt. Wie kommt es also plötzlich zur Bezeichnung Nano? Um dieses zu erklären, müssen wir zunächst einen Blick zurück auf die Geschichte der Nano-Aquarien werfen.

Zu Beginn der 90er-Jahre wurde ein völlig neuer Typ von bepflanzten Aquarien der breiten Öffentlichkeit vorgestellt. Dafür verantwortlich war der Japaner Takashi Amano, der eine Art von minimalistischem aber sehr natürlichem Pflanzen-Design kreierte, das zunächst als „Japanische Gärten unter Wasser" bezeichnet wurde. Diese wunderschön eingerichteten Aquarien waren sehr arbeitsintensiv und aufwendig gestaltet worden. Auch wenn seine Aquarien zu Beginn häufig noch um einiges größer waren (von 56 Litern aufwärts), haben seine Bücher grundlegende Ideen erschaffen, um auch sehr schöne kleinere Aquarien zu gestalten. Zur selben Zeit führte er eine Süßwassergarnele ins Hobby ein (*Caridina multidentata*), die sich als guter Algenfresser erwies - diese wurde später in der Aquaristik als Amano-Garnele populär.

Takashi Amano sowie die dänische Wasserpflanzenzüchterei Tropica Aquarium Plants führten weiterhin eine neue Technik zum

Häufig wirkt ein Aquarium hübscher, wenn man sich nur auf wenige Arten konzentriert (sowohl bei den Tieren (hier *Procatopus aberrans*, *Otocinclus* sp., Amano-Garnelen) als auch bei den Pflanzen (*Riccia fluitans, Fontinalis antipyretica, Lagarosiphon madagascariensis*)), wie in diesem 26-Liter-Nano. Foto Takashi Amano

Kjell Fohrman

Heutzutage werden schon Pflanzen verkauft, die bereits auf Steinen, Hölzern etc. aufgewachsen sind.

Kjell Fohrman

Die Kristallrote Zwerggarnele hat entscheidend zur heutigen Popularität der Nano-Aquaristik beigetragen.

Aufbinden von Wasserpflanzen auf Wurzelholz und Steinen ein, die auch vor allem für kleinere Aquarien sehr praktisch ist.

Der nächste Fortschritt in der „Entwicklung der Nano-Aquarien“ wurde vollzogen, als plötzlich sehr farbige Zwerggarnelen für den Handel eingeführt wurden. Bereits in den 80er-Jahren tauchten sporadisch einige Garnelen in unserem Hobby auf, aber erst gegen Ende der 90er und zu Beginn des neuen Jahrtausends entstanden in Asien sehr farbige Zuchtformen, die das Interesse an diesen Tieren sehr stark ansteigen ließ. Eine Garnele der ersten Stunde war die „Kristallrote Zwerggarnele“ (Red Chrystal Shrimp) und das Wichtigste an dieser Art war neben der wunderschönen Färbung die verhältnismäßig leichte Züchtbarkeit. Nachdem viele sehr farbenfrohe Zwerggarnelen eingeführt worden sind, wurden auch zahlreiche Bücher über diese Tiere von Experten wie Uwe Werner, Chris Lukhaup, Frank und Carsten Logemann u.v.m. veröffentlicht. Die meisten dieser fantastischen Garnelen sind hervorragend in kleinen Aquarien zu pflegen.

In Folge begannen verschiedene Firmen damit, Nano-Aquarien zu produzieren (zumeist mit einem sehr ansprechenden Design) ebenso wie diverses Zubehör wie Beleuchtung, Filtertechnik, Futter, Pflanzendünger, Bodengrund etc., das speziell für die Nano-Aquaristik entwickelt wurde. Wasserpflanzen-Züchtereien wie Tropica und Dennerle züchteten verstärkt bestimmte Wasserpflanzen, die sich perfekt auch für kleinste Aquarien eigneten. Zur selben Zeit wurden verschiedene extrem kleine Fischarten vorgestellt und eingeführt, die ebenfalls keine großen Aquarien benötigten.

Kleine Aquarien haben schon „immer” existiert, aber bis vor einigen Jahren erwarb man ein kleines Aquarium vor allem für Jungfische, da es in der Regel recht günstig war und behalf sich mit der bereits vorhandenen, zumeist viel zu großen Filter- und Beheizungstechnik. Heutzutage bedeuten kleine Aquarien ein komplettes Konzept, das ein Aquarium hoher Qualität und mit ansprechendem Design und Zubehör, das speziell für diese Aquarien entwickelt wurde, beinhaltet. Dieses neue Konzept wird nun als Nano-Aquarium bezeichnet.

Kjell Fohrman

Einige sehr bekannte Garnelen-Experten: von links Chris Lukhaup, Carsten und Frank Logemann.

Das Aquarium

Nano-Aquarien sind klein und haben in der Regel ein ansprechendes Aussehen, was bedeutet, dass es sehr einfach ist, einen geeigneten Platz für sie im eigenen Heim oder sogar im Büro zu finden. Sie können benutzt werden als Raumteiler, auf Schreibtischen, in Bücher-Regalen, auf Küchentischen und an vielen anderen Plätzen.

Größe

Es ist bereits altbekannt, dass ein gutes biologisches Gleichgewicht in größeren Aquarien sehr viel einfacher zu erzielen ist. Auch wenn heutzutage aquaristisches Zubehör existiert, mit dessen Hilfe auch in kleinen Aquarien eine ausgewogene Wasserbiologie erhalten werden kann, hat diese Regel nach wie vor Gültigkeit. Außerdem hat eine größere Wasseroberfläche den Vorteil, dass sich das Wasser besser mit Sauerstoff anreichert.

Material

Nano-Aquarien werden entweder aus Glas oder Acryl hergestellt. Der Vorteil eines Aquariums aus Acryl ist die Möglichkeit, es in einem Stück zu produzieren, was natürlich ein schöneres Design ermöglicht. Der Nachteil ist, dass Aquarien aus Acryl leichter zerkratzen.

Kjell Fohrman

Ein Bücherregal mit Aquarien anstelle von Büchern. Beachten Sie, dass ein Regal für zwei 40-Liter-Nanos aufgrund des hohen Gewichtes besonders stabil an der Wand befestigt sein sollte.

Positionierung

Es gibt einige Dinge, über die man nachdenken sollte, bevor man ein Aquarium an einem bestimmten Ort aufstellt.

a) Es sollte auf einem soliden Untergrund aufgestellt werden. Das Aquarium wiegt zwar in der Regel nur etwa 25-50 kg, so dass es sich fast überall aufstellen lässt. Jedoch sollte die Standfläche so beschaffen sein, dass es nicht zu starken Erschütterungen kommt, vielleicht Wasser aus dem Aquarium herausspritzt oder es sogar herunterfällt, wenn jemand zufällig gegen das Aquarium stößt.

b) Ein Standplatz mit direkter Sonneneinstrahlung ist auf jeden Fall zu vermeiden, denn ein solcher erhöht das Risiko sehr stark, dass man später immense Probleme mit Algen hat.

c) Das Aquarium sollte an einem relativ ruhigen Ort aufgestellt werden. Das ist besonders wichtig, wenn es in der Mitte des Raumes positioniert wird und Personen herumgehen können (Stress für die Fische!). Aus diesem Grunde ist es besser, das Aquarium an einer Wand zu platzieren.

Offene Aquarien und Aquarien mit Abdeckungen

Nano-Aquarien können komplett offen sein, eine Abdeckscheibe besitzen oder sogar eine komplette Abdeckung.

Offen:

Die Vorteile eines offenen Aquariums sind zum einen ein relativ niedriger Preis. Außerdem können Pflanzen aus dem Aquarium herauswachsen und man kann von oben in es hineinblicken. Nachteilig ist jedoch der höhere Energieverbrauch für die Beheizung, die wesentlich größere Verdunstung, was mehr Arbeit für das Auffüllen bedeutet, sowie die Gefahr, dass Tiere aus dem Aquarium herausspringen.

Daniel Larsson

In einem nach oben offenen Aquarium können die Pflanzen herauswachsen und das Holz kann über die Wasseroberfläche hinaus ragen.

Mit Abdeckscheibe:

Auch diese Variante eines Nano-Aquariums ist sehr preiswert; sie ermöglicht ebenfalls den Einblick in das Aquarium von oben (wenn auch nicht so einfach wie in offenen Aquarien). Es verdunstet nur sehr wenig Wasser.

Die Nachteile sind, dass auch diese Variante mehr Energie verbraucht als ein Aquarium mit Abdeckung (aber natürlich weniger als ein offenes Aquarium) und dass die Wasserpflanzen nicht weit über die Wasseroberfläche herauswachsen können. Außerdem hat man einen erhöhten Aufwand, die Abdeckscheiben regelmäßig zu reinigen.

Mit Abdeckung:

Die Vorteile sind, dass solche Aquarien sehr energiesparend sind (die Hitze der Abdeckung wird auch teilweise ans Wasser abgegeben) und dass nicht so viel Wasser aus dem Aquarium verdunsten kann. Außerdem macht eine schöne Abdeckung ein solches Aquarium noch dekorativer.

Natürlich sind derartige Aquarien in der Regel sehr viel teurer und man kann weder von oben in das Aquarium hineinblicken noch können Pflanzen sehr weit über die Wasseroberfläche hinaus ragen.

Rechteckige und quadratische Nano-Aquarien

In der Vergangenheit hatten nahezu alle kleinen Aquarien eine rechteckige Form - mit anderen Worten waren sie länger als hoch und breit (z. B. 40 cm (lang) x 25cm x 25cm). Diese Aquarien sind auch heute noch sehr verbreitet, aber es werden nun auch immer mehr quadratische Nanos angeboten, bei denen Länge, Höhe und Breite ungefähr gleich sind (beispielsweise 30 x 30 x 30 cm).

Der Vorteil eines rechteckigen Aquariums ist, dass ein solches in der Regel einfacher zu dekorieren ist. Ein quadratisches Aquarium ist zwar in der Dekoration etwas aufwendiger, aber wenn man sich Mühe gibt, hat man aufgrund der größeren Höhe und Tiefe tolle Möglichkeiten, einen wunderschönen Lebensraum zu gestalten.

Für welches Aquarium man sich entscheidet,

Kjell Fohrman

„Auf dem Boden grasen Kühe während Fische am Himmel fliegen". Ein sehr lustiges Design für ein Aquarium von Oliver Knott.

Kjell Fohrman

Ein Grand Champion Goldfisch der Aquarama-Messe 2009 in Singapur in einem 25-Liter-Fischglas. Der Goldfisch ist viel zu groß für diese Behausung, so dass diese Kombination keine gute Idee ist.

Kjell Fohrman

Ein Gefäß wie dieses 30 Liter fassende BiOrb mit integrierter Beleuchtung und Filterung ist eine gute Behausung für einen Schwarm von *Tanichthys micagemmae*.

sollte man auch davon abhängig machen, welche Art von Tieren man darin pflegt (für revierbildende Fische und Garnelen sind beispielsweise längere Aquarien von Vorteil). Aber abgesehen davon sollten Sie sich für das entscheiden, was Ihnen am besten gefällt. Die zwei vorderen Kanten des Aquariums sind bei manchen angebotenen Nano-Aquarien abgerundet und manchmal kann auch die Frontscheibe gebogen sein.

Diese beiden Aquarientypen sind die am häufigsten angebotenen Nano-Aquarien und sie werden in diesem Buch auch am häufigsten zu sehen sein. Andere Typen von Nanos sind Gläser, Hexagons und Wandaquarien.

Gläser

Sogenannte Goldfischgläser sind bereits seit langer Zeit im Handel erhältlich (ungefähr seit 250 Jahren). Sie wurden bereits mehr als 100 Jahre vor dem ersten rechteckigen Aquarium benutzt.

Diese Gläser, die auch heute noch auf der ganzen Welt Verwendung finden, haben unter Aquarianern einen sehr schlechten Ruf. Sie sind Sinnbild einer nicht tiergerechten Fischhaltung. Viele Mythen haben sich unter den Aquarianern bezüglich der Haltung von Goldfischen in Gläsern etabliert, beispielsweise die Annahme, dass Fische, die nur in der Runde schwimmen, verrückt werden. Befürworter solcher Fischgläser führen häufig an, dass Goldfische nur ein Erinnerungsvermögen von wenigen Sekunden haben und aus diesem Grunde nicht verrückt werden können. Beides ist sicherlich falsch. Goldfische haben erwiesenermaßen ein Gedächtnis, das wenigstens mehrere Monate anhält, aber sie werden keineswegs verrückt, wenn sie nur im Kreis herumschwimmen können.

Aber diese Gläser haben einige Nachteile:

1/ sie haben eine kleine Wasseroberfläche, was einen niedrigeren Sauerstoffgehalt des Wassers zur Folge haben kann
2/ sie haben zumeist ein sehr kleines Wasservolumen
3/ sie sind schwierig zu dekorieren
4/ einige Fische (nicht alle) sind sehr scheu, wenn viele offene Flächen um sie herum existieren
5/ es ist schwierig (fast unmöglich), aquaristisches Zubehör wie Filter, Heizer etc. auf praktische Art und Weise und nicht zu auffällig zu platzieren.

Vielfach werden Goldfische oder noch häufiger Schleierschwänze (die zumeist um einiges kleiner bleibende Zuchtform der Goldfische) in Gläsern gehalten, da sie sehr anpassungsfähig sind, keinen hohen Bedarf an Sauerstoff haben, kein warmes Wasser benötigen und gut damit zurecht kommen, dass Gläser nach allen Seiten offen sind. Sie können darin bei regelmäßiger Pflege viele Jahre leben. Aber daraus zu schließen, dass sich die Tiere darin wohl fühlen, ist falsch, denn nur weil sie derartige Bedingungen tolerieren, bedeutet das nicht, dass man sie so pflegen sollte. In einer tiergerechten Umgebung kann ein Goldfisch recht groß werden (wenigstens 20 cm) und belastet das Wasser recht stark mit seinen Stoffwechselprodukten und aus diesem Grunde sollten diese Fische keinesfalls in Gläsern gepflegt werden. Wenn man sich für ein derartiges Behältnis entscheidet, sollte man besser kleinere Fische wie Kardinäle (*Tanichthys albonubes*) darin pflegen und einige Sauerstoff produzierende Pflanzen wie *Egeria densa* einsetzen.

Heutzutage werden sogar Fischgläser mit einer integrierten Filterung (die gereinigt werden kann), Heizung sowie Beleuchtung hergestellt und es werden sogar größere, geräumigere Gläser angeboten, doch es überwiegen dennoch die Nachteile solcher Behältnisse, dass sie nur schwer zu dekorieren und die Fische großem Stress ausgesetzt sind. Jedoch lässt sich ein großes Fischglas in der Mitte schon sehr ansprechend einrichten und es lassen sich sicherlich auch einige Fische finden, die nicht so stressanfällig sind und sich für die Pflege in einem solchen Behältnis eignen. Jedoch sollte man auf eine Pflege von Goldfischen in Gläsern verzichten.

Hexagon-Aquarium

Hexagon-Nanos sind häufig recht hoch und sie haben die gleichen Nachteile wie Fischgläser, wenn auch nicht in diesem Ausmaß. Die Wasseroberfläche ist im Vergleich zum Wasservolumen um einiges größer und sie sind außerdem wesentlich einfacher dekorativ einzurichten als Fischgläser. Die Höhe dieser Behälter erlaubt es dem Aquarianer, auch langstielige Pflanzen in die Dekoration einzubeziehen.

Man sollte immer beachten, dass man in derartigen Aquarien keine schnell schwimmenden und/oder stressempfindlichen Fische pflegt, ebenso wie zu große Fische, da die Distanz von einem Ende zum anderen nur relativ klein ist.

Kjell Fohrman

1

Ein attraktiv bepflanztes Hexagonal-Aquarium von 20 Litern Inhalt mit Feuer-Zwerggarnelen.

Kjell Fohrman

2

Wandaquarien sollten wenigstens 12 cm tief sein, andernfalls dürften Wartungsarbeiten sehr schwierig werden.

Kjell Fohrman

Einer der vielen neu gehandelten Zwergfische - Characidae gen sp. „Picaflor“ aus Peru

Wand-Aquarium

In den letzten Jahren sind sogenannte Wand-Aquarien recht populär geworden und das verwundert nicht, denn sie sind zumeist ausgesprochen dekorativ.

Wenn Sie ein solches Aquarium kaufen wollen, sollten Sie beachten, dass es deutlich schwerer zu pflegen ist, da die Behältnisse zumeist sehr flach und hoch sind, was es sehr schwierig macht, an ihren Boden zu gelangen. Sie sollten deshalb Folgendes bedenken:

1/ Ein Wand-Aquarium ist recht schwer, weshalb die Wand sowie die Befestigung sehr stabil sein sollte.

2/ Befestigen Sie das Aquarium an einem Ort, an dem sie sehr gut die Pflegemaßnahmen durchführen können.

3/ Das Aquarium sollte zumindest so tief (min. 12 cm) und hoch sein, dass man bequem den Boden erreichen kann, um es zu reinigen oder zu bepflanzen.

4/ Die technische Ausstattung sollte gut durchdacht sein. Sie sollte einen großen biologischen Filter beinhalten, der ebenso wie der Heizer kaum sichtbar ist und es muss möglich sein, die Pumpe und das Filtermaterial einfach zu reinigen.

5/ Derartige Aquarien sind nicht geeignet für revierbildende oder große Fische (max. 5 cm), da diese Probleme haben, sich natürlich zu bewegen.

Sicherlich haben Wand-Aquarien Nachteile, jedoch können sie mit einer schönen Einrichtung, einer guten technischen Ausstattung und den geeigneten Pfleglingen ausgesprochen dekorativ sein.

Mikael Håkansson

Das Wasser im Matanosee in Sulawesi ist klar, warm und alkalisch und Heimat zahlreicher beliebter Zwerggarnelen.

Das Wasser

Es ist um einiges leichter, in einem großen Aquarium ein biologisches Gleichgewicht zu erzielen als in einem kleinen. Jedoch lässt sich dieses in einem Nano-Aquarium dadurch kompensieren, dass man das Aquarium mit vielen Pflanzen bestückt, nicht zu viele Tiere darin pflegt, es mit einer guten Filterung (siehe Seite 17-18) ausstattet und einigen Aufwand in die Pflege und die Aufrechterhaltung einer guten Wasserqualität steckt.

pH-Wert und Karbonathärte

Der pH-Wert gibt den Säuregehalt des Wassers an und wird in einer Skala von 0 bis 14 gemessen, wobei ein Wert von 7 neutrales Wasser, ein Wert über 7 alkalisches Wasser und ein niedrigerer Wert als 7 ein saures Wasser charakterisiert. Das Wasser in den natürlichen Lebensräumen der Fische, Garnelen etc. kann sauer, neutral oder alkalisch sein. Aus diesem Grunde sollte man den Tieren bei der Pflege im Aquarium einen nicht zu stark abweichenden Säuregehalt des Wassers anbieten und darauf achten, dass der pH-Wert nicht zu stark schwankt. Dieses passiert vor allem, wenn die Puffer-Kapazität des Wassers sehr gering ist.

Die einfachste Möglichkeit, die Pufferung des Wassers zu bestimmen ist die Messung der Karbonathärte. Wenn diese kleiner als 3 °dKH (54 CaCO3 mg/l (ppm) = 66 mg/l HCO3 = 1,08 mekv - verschiedene Messmethoden) ist, ist die Gefahr von Schwankungen im pH-Wert sehr groß. Bei einer hohen Karbonathärte ist es schwierig, einen niedrigen pH-Wert zu erzielen. Wenn Sie gleichzeitig saures und stabiles Wasser erzielen wollen, sollten Sie eine qualitativ hochwertige CO_2-Anlage (siehe Seite 140) nutzen. Im Handel sind Pufferlösungen zum Anheben oder Absenken des pH-

Wertes oder der Karbonathärte erhältlich und sie funktionieren in der Regel wie angegeben, jedoch lässt sich durch Zugabe von Kohlendioxid der pH-Wert sehr viel besser regeln.

Eine gute Möglichkeit zur Anhebung der Karbonathärte (der pH-Wert steigt ebenfalls an, jedoch nicht über 7,6) ist die Verwendung von kalkhaltigem Bodengrund oder pulverförmigem Kalk (Kalziumoxid, aus dem Gartenbau). Das Kalk-Pulver (ein halber dl pro 50 Liter Aquariumwasser reicht aus) sollte in einem feinen Netzbeutel in der Nähe der Filterströmung positioniert werden, damit es sich langsam im Wasser auflösen kann.

Wasseraufbereiter

Ein kleines Aquarium ist in der Tat ein sehr störungsanfälliges biologisches System, vor allem wenn das verwendete Leitungswasser sich nicht für die in ihm gepflegten Tiere eignet. Aus diesem Grunde ist es sehr wichtig, zu Beginn und bei späteren größeren Wasserwechseln (mehr als 25 %), einen Wasseraufbereiter zu verwenden. Diese Pflegemittel neutralisieren gefährliche Substanzen im Leitungswasser wie Chlor, Chloramin sowie einige Metalle, die unseren Pfleglingen sehr stark schaden können.

Wenn man ein Aquarium neu aufstellt, ist es außerdem sehr sinnvoll, es mit einer Bakterien-Kultur (Mikroorganismen für die Nitrifikation) zu beimpfen, die eine rasche Vermehrung von gewünschten Bakterien ermöglicht und zu einem Aufbau eines stabilen Gleichgewichtes beiträgt. Diese Bakterien bauen später die Stoffwechselprodukte unserer Fische ab. Wenn gerade in der Startphase nicht genügend „gute“ Bakterien im Aquarium vorhanden sind, ist die Gefahr groß, dass die gepflegten Tiere durch hohe Gehalte von Ammonium (NH_4^+) oder auch Nitrit (NO_2) vergiftet werden.
Man kann das Risiko einer solchen Vergiftung deutlich verringern, wenn man das Aquarium zunächst nur mit sehr wenigen Tieren besetzt und im ersten Monat nur sehr sparsam füttert.

Wir möchten hier noch anmerken, dass besonders Garnelen sehr empfindlich sind und einige Wasseraufbereiter nicht gut vertragen. Wenn Sie also in ihrem Nano-Aquarium solche Tiere pflegen möchten, sollten Sie darauf achten, dass der Wasseraufbereiter ihren Tieren nicht schadet (es muss auf der Verpackung vermerkt sein!).

Nitrit

Wenn Sie in Ihrem Aquarium einen erhöhten Nitritwert feststellen, sollten Sie einen Teilwasserwechsel durchführen und dem Aquarienwasser eine Bakterienkultur (im Zoofachgeschäft erhältlich) hinzufügen. Vorübergehend würde auch der Zusatz von etwas Salz (1 ml auf 10 l Aquariumwasser zufügen) die Schädlichkeit des Nitrits für Ihre Pfleglinge verringern. Wenn Sie bereits ein anderes Aquarium mit einer intakten Biologie besitzen, sollten Sie Wasser aus diesem für den Wasserwechsel benutzen. Wenn ein solches nicht zur Verfügung steht, sollten Sie aufbereitetes Leitungswasser benutzen.“

Wasser-Tests

Wenn Sie ein Aquarium in Betrieb nehmen, sollten Sie besonders in der Anfangsphase das Wasser testen und zumindest folgende Wasserparameter überprüfen: pH-Wert, Karbonathärte und Nitrit (NO_2).

Kjell Fohrman

Ein attraktiv bepflanztes 30-Liter-Nano-Aquarium (mehr Infos auf Seiten 25-27).

Zubehör und Dekoration

Häufig haben Nanos am Boden keinen Rahmen, so dass ihre Bodenplatte direkt auf dem harten Untergrund aufliegen würde. Dieses birgt natürlich einige Gefahren. Aus diesem Grunde sollte man unbedingt eine dünne Styroporplatte oder eine im Zoofachhandel erhältliche Unterlage zwischen Aquarium und Aquariumboden legen.

Filter

Es gibt verschiedene Typen und Bauformen von Filtern und einige davon wurden speziell für kleine Aquarien entwickelt. Sie lassen sich in zwei Gruppen einordnen - Innen- und Außenfilter.

Eine gute Zirkulation des Wassers ist wünschenswert, vorzugsweise sollte der Filter in der Stunde wenigstens das achtfache Volumen des Aquariums an Wasser fördern.

Kjell Fohrman

Verschiedene Arten von Nano-Filtern: A/ Aufsatzfilter für kleinere Nanos; B/ Bodenfilter; C/ Schwammfilter; D/ und E/ Innenfilter. B und C benötigen eine Membranpumpe für den Betrieb. E kann in einer Ecke platziert werden, was sehr praktisch ist. Schwarze Filter sind sehr praktisch, denn sie sind einfacher zu verstecken.

Außenfilter

Topffilter werden für Nanos selten verwendet. Stattdessen finden sogenannte Aufsatzfilter häufig Verwendung, die sehr praktisch sind und einfach über eine Kante des Aquariums gehängt werden können. Dabei ragt lediglich das Ansaugrohr ins Aquarium hinein, während sich Pumpe und Filtermaterialien außerhalb befinden. Das Ansaugrohr sollte mit einem Stück Filterschaum bedeckt werden, das zum einen als Vorfilter für Grobschmutz dient, aber auch verhindert, dass Fische oder Garnelen in den Filter hineingesogen werden. Diese Art von Filtern haben den Vorteil, dass das Wasser durch den Luftkontakt ständig mit Sauerstoff angereichert wird, was den Filter noch effektiver macht.

Der große Vorteil eines Außenfilters ist, dass er im Inneren des Aquariums nur sehr wenig Platz einnimmt.

Innenfilter

Es existieren auch diverse Innenfilter, die speziell für Nano-Aquarien entwickelt wurden. Wir empfehlen, diese in einer Ecke des Aquariums zu platzieren, da sie recht viel Raum einnehmen. Der größte Nachteil dieser Innenfilter ist die geringe Größe des Filtermediums, was eine häufigere Reinigung erfordert.

Über eine Luftpumpe betriebene Schwammfilter sind ebenfalls recht populär und sie sind auch recht sicher für Garnelen und kleine Fische, die nicht hineingesogen werden können. In einigen Nanos wird die komplette Rückwand als großer Filter genutzt. Das ist sehr praktisch, da ein großes Filtermedium mehrere Monate lang wartungsfrei arbeiten kann, bevor es gereinigt werden muss, und ein hervorragender biologischer Filter ist. Mit ein wenig Geschick lässt sich ein solcher Filter auch selbst herstellen, wobei die Filtermatte mit einer Kunststoffplatte oder einer flachen Aquarienrückwand gut verdeckt werden kann.

Bodenfilter sind eine weitere in Nano-Aquarien häufiger eingesetzte Variante eines Innenfilters. Die Filtereinheiten werden mit Bodengrund bedeckt und über eine Luftpumpe wird das Wasser über ein Steigrohr durch den Bodengrund hindurch gefördert, der als Filtermedium dient. Wenn Sie einen Bodenfilter benutzen, müssen Sie besonders vorsichtig bei Ihren Pflegemaßnahmen sein, und sie können kein Pflanzensubstrat mit dem Bodengrund vermischen, da dieses den Boden zu stark verdichten würde. Trotz dieser Nachteile sind diese Filter in der Nano-Aquaristik recht verbreitet, da sie besonders für Garnelen ungefährlich sind.

Ludwigia inclinata var. *verticillata* „Cuba" ist eine hübsche Pflanze, die eine kräftige Beleuchtung benötigt.

Reinigung der Filtermedien

Generell sollte man den Filter erst reinigen, wenn die Fördermenge der Pumpe deutlich nachgelassen hat. Wie häufig diese Pflegemaßnahmen stattfinden müssen, ist in erster Linie von der Art des Filters, der Beschaffenheit des Filtermediums, dem Fischbesatz sowie der täglich gegebenen Futtermenge abhängig.

Garnelen-Sicherheit

Wenn Sie in Ihrem Nano-Aquarium Garnelen pflegen, ist es sehr wichtig, dass der Filter diese nicht einsaugen kann. Die Jungtiere sind recht klein und finden deshalb einen Weg in die kleinsten Öffnungen. Deshalb ist es sehr empfehlenswert, ein Stück feinen Filterschwamms vor der Einsaugöffnung des Filters zu befestigen und wenn dieses nicht möglich ist (z. B. bei einem Innenfilter), so kann man einen Filternetzbeutel oder ein Stück einer Damenstrumpfhose über den Filter ziehen und die Garnelen vor dem Filter schützen.

Beleuchtung

Für Nanos werden normalerweise kleine und sehr stromsparende Leuchtstoffröhren verwendet. Diese existieren in diversen Lichtfarben und in den Wattstärken 9, 11 und 18 W. Sie erzeugen in der Regel ein ausreichend starkes Licht und eine schöne Färbung von Pflanzen und Tieren. Leuchtkörper auf Basis von LEDs werden immer populärer, da diese extrem stromsparend sind, aber sie sind zur Zeit vielfach noch nicht stark genug, um auch höhere Nanos von mehr als 20 cm Höhe auszuleuchten. In Zukunft wird sich die LED-Technik sicherlich noch weiter entwickeln, so dass auch für höhere Kleinstaquarien derartige Lichtquellen genutzt werden können. Wenn Sie Ihr Nano-Aquarium schön bepflanzen möchten, sollten Sie vorzugsweise Licht mit einer Farbtemperatur von etwa 6.000 Kelvin (ähnlich dem Sonnenlicht) verwenden.

Wenn Sie ein Beleuchtungssystem auswählen, sollten Sie darauf achten, dass es auch zu Ihrem Aquarium passt. Die Systeme haben sehr unterschiedliche Befestigungen und diese sind nicht für alle Typen von Aquarien verwendbar, beispielsweise wenn das Glas gebogen oder besonders dick ist oder das Aquarium einen Rahmen besitzt.

Mehr Informationen über die empfohlene Beleuchtungsdauer erhalten Sie auf Seite 139.

Heizung

Normalerweise ist es nicht unbedingt nötig, einen Heizer für ein Nano-Aquarium zu benutzen, da sich viele der für eine Pflege darin geeigneten Fische und Garnelen bereits bei Raumtemperatur pflegen lassen. Wenn Sie sich ein Aquarium mit Abdeckung anschaffen, wird das Wasser allein durch diese um einige Grad über Raumtemperatur aufgeheizt, was für die Pflege der meisten Arten bereits ausreicht.

Wenn Sie kein Aquarium mit Abdeckung besitzen und Arten pflegen wollen, die unbedingt höhere Wassertemperaturen benötigen (siehe Artenteil), ist es notwendig, einen Heizer zu benutzen. In diesem Fall sollten Sie im Handel einen qualitativ hochwertigen Regelheizer erwerben, der für die Größe des Aquariums konzipiert wurde. Ein Heizer mit zu hoher Wattstärke kann das Wasser sehr schnell zu stark erhitzen, wenn er nicht richtig kalibriert wurde. Der Heizer sollte an einem Ort eingesetzt werden, an dem eine gute Wasserzirkulation vorherrscht, vorzugsweise in der Nähe des Filters.

Im Sommer kann es auch in unseren Breiten zeitweise sehr warm werden und die Temperatur im Aquarium zu stark ansteigen. In diesem Fall ist es sinnvoll, einen kleinen Ventilator einzusetzen, um das Wasser etwas zu kühlen.

Thermometer, Netz etc.

Weiteres aquaristisches Zubehör, das man für ein Nano-Aquarium benötigt, ist ein qualitativ gutes Thermometer (das so angebracht werden sollte, dass die Temperatur leicht abzulesen ist) und ein kleines Fangnetz, um Fische oder andere Aquarientiere, Pflanzenteile etc. aus dem Wasser heraus zu fangen.
Für ein bepflanztes Aquarium sind eine CO_2-Anlage (siehe Seite 140) sowie eine Wasserpflanzen-Pinzette sinnvolle Anschaffungen.

Dekoration

Der Vorteil eines kleinen Aquariums ist die Möglichkeit, es mit recht geringem Aufwand

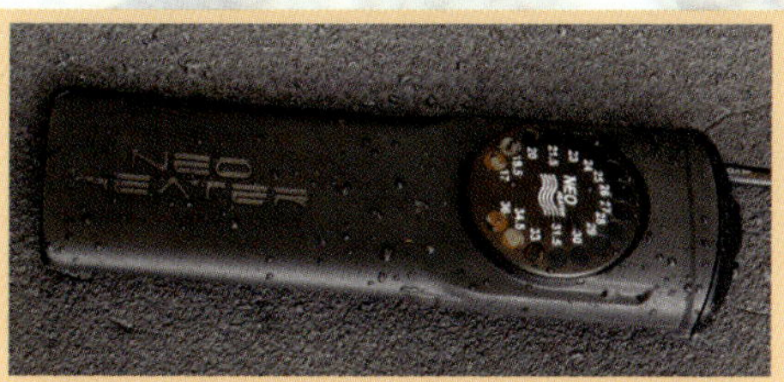

Kjell Fohrman

Dieser neue Heizer (Aquael) ist recht schmal, flach und schwarz (einfach zu verstecken).

sehr attraktiv einrichten zu können. Dafür benötigt man dann auch nur relativ wenige Materialien. Wichtig ist, dass die Einrichtungsgegenstände an die Größe des Aquariums angepasst sind, d.h. große Wurzelstücke, Steine oder Wasserpflanzen wirken zu klobig und sind deshalb ungeeignet. Weiterhin muss die Einrichtung so konzipiert sein, dass sie an die Bedürfnisse der Fische, Garnelen, Krebse etc. angepasst ist.

Bodengrund

Wenn Sie im Boden Wurzeln ausbildende Pflanzen einsetzen wollen, sollten Sie zunächst eine 1-2 cm hohe Schicht Laterit einbringen, ein Substrat, das diese später mit den nötigen Nährstoffen versorgt und das Sie im Zoofachhandel kaufen können.

Darauf sollten Sie Aquarien-Sand/-Kies mit einer Körnung von 0,5-3,0 mm verteilen, der in einer dicken Schicht von 3-5 cm aufgetragen werden sollte, 3 cm im Vordergrund und 5 cm im hinteren Bereich des Aquariums. Relativ dunkler Bodengrund hat den Vorteil, dass dieser z.B. die Farben von Fischen und Garnelen besser hervorhebt.

Wenn Sie Garnelen im Aquarium pflegen, sollte der Laterit unbedingt komplett abgedeckt werden und es sollte nur Laterit verwendet werden, der unbedenklich für Garnelen ist.

Wurzelholz

Wurzelholz (Moorkienholz, Mangrovenholz etc.) färbt das Wasser in der Regel bräunlich und kann den pH-Wert beeinflussen (senkt den pH-Wert). Aus diesem Grunde sollte man nicht zu große Holzstücke verwenden, es ist besser, dünne, verzweigte Hölzer auszuwählen. Weichen Sie die Holzstücke vor der

Verwendung am besten für einige Wochen in Wasser ein, damit die Tannine auswaschen und das Holz später nicht zu viel Auftrieb hat. Sie sollten Holzstücke nur im Zoofachhandel erwerben, um zu gewährleisten, dass sie auch für Aquarien geeignet sind.
Es ist natürlich auch möglich, selbst gesammelte Hölzer aus der Natur zu nutzen, aber Sie sollten in diesem Fall nur tote Harthölzer, wie Eiche oder Buche, mit dünnen Verzweigungen auswählen. In einigen Zoofachgeschäften kann man Pflanzen erwerben, die auf Holzstücke aufgewachsen sind, was sehr dekorativ aussehen kann.

Steine

In der Natur kann man einige sehr dekorative Steine finden, jedoch ist es nicht überall erlaubt, diese zu sammeln. Wenn Sie selbst gesammelte Steine verwenden möchten, sollten Sie gewisse geologische Grundkenntnisse besitzen, da einige Steine die Wasserchemie stark beeinflussen und andere Giftstoffe ans Wasser abgeben können. Zoofachgeschäfte bieten eine große Auswahl wirklich schöner Steine an, aber diese sind teilweise nicht ganz billig, vor allem wenn man ein komplettes Aquarium damit einrichten möchte. Da man in einem Nano-Aquarium jedoch nur wenig Platz für Steinaufbauten hat, halten sich die Ausgaben für diese Dekorationsmaterialien stark in Grenzen.
In einigen Fachgeschäften kann man auch Steine erwerben, die bereits mit Pflanzen bewachsen und ausgesprochen dekorativ sind.
Einige Aquarientiere können Steinaufbauten unterhöhlen. Wenn sie größere Steine verwenden, sollten Sie deshalb ein dünnes Stück Styropor (oder Ähnliches) als Unterlage einbringen, um den Glasboden zu schützen.

Kjell Fohrman

Es ist sehr praktisch, ein Stück eines Back-to-Nature-Hintergrundes zu benutzen, um den Filter zu verdecken. Dieses Aquarium stammt von der "Planted Aquarium 2009" (siehe Seite 29 für Info). Design Bernd Terletzki.

Hintergrund

Einige Fische fühlen sich in Aquarien, die von allen vier Seiten einsehbar sind, unwohl und zeigen große Scheu. In großen Aquarien ist es einfach, den Tieren durch entsprechende Dekoration Schutz anzubieten, aber das ist in einem Nano-Aquarium deutlich schwieriger. Aus diesem Grunde ist eine Rückwand, die außerdem auch noch sehr attraktiv sein kann, stark anzuraten. Sie können eine Fotorückwand mit Pflanzenmotiven an die Rückscheibe ankleben, aber das macht besonders in einem kleinen Aquarium, wo sich der Betrachter sehr nahe vor der Rückscheibe befindet, einen sehr unnatürlichen Eindruck.

Ein sehr preiswerter Hintergrund ist eine einfarbige Plastikfläche, die sie von hinten ans Aquarium anbringen, oder Sie können auch die Rückscheibe von außen bemalen. Die Farbe ist natürlich Geschmackssache, aber ein einfarbig schwarzer Hintergrund sieht beispielsweise in der Regel sehr gut aus. Es gibt Aquarianer, die andere Farben bevorzugen, aber einfarbige, dunkle Hintergründe machen unseres Erachtens den besten Eindruck.
Es besteht weiterhin die Möglichkeit, eine flache Aquarienrückwand aus Kunststoff (im Handel erhältlich) innerhalb des Aquariums einzubringen. Wenn diese nach einigen Wochen mit Algen bewachsen ist, sieht sie in der Regel sehr attraktiv und natürlich aus. Wenn Sie eine solche verwenden, sollten Sie diese mit einem für Aquarien geeigneten Kleber, wie Silikon, ankleben und dabei auch sämtliche potentiellen Durchschlupf-Möglichkeiten für kleine Fische und Garnelen abdichten. Ansonsten findet man irgendwann Tiere hinter der Rückwand, wo sie verenden können.

Pflegemaßnahmen

Einige Leute kaufen sich ein kleines Aquarium in der Annahme, dass es einfacher als ein großes zu pflegen ist. Aber das ist falsch, denn in kleinen Aquarien haben eventuell gemachte Fehler deutlich größere Auswirkungen, weshalb eine regelmäßige Pflege dabei ausgesprochen wichtig ist.

Die Startphase und der erste Monat

Bei der Pflege von Fischen:

1. Befüllen Sie das Aquarium mit Wasser und nehmen Sie den Filter, Heizer etc. in Betrieb. Fügen Sie einen Wasseraufbereiter und eine Bakterien-Starterkultur (Mikroorganismen für die Nitrifikation) hinzu.
2. Testen Sie pH-Wert, Karbonathärte und Nitrit. Wenn diese Werte nicht optimal sind, verändern Sie die Wasserparameter (siehe Seite 16).
3. Warten Sie 2-3 Tage und testen Sie dann das Wasser noch einmal.
4. Wenn das Wasser ok ist, können Sie die ersten Fische einsetzen.
5. Wir empfehlen, das Aquarium in den ersten drei Wochen nach dem Aufstellen noch weiterhin mit Bakterien aus einer Starterkultur zu beimpfen.

Bei der Pflege von Garnelen:

1. Da Garnelen in der Regel noch empfindlicher als Fische sind, ist es in Gesellschaftsaquarien mit Fischen und Garnelen anzuraten, zunächst einmal die Fische einzusetzen.
2. Wenn Sie Garnelen zuerst einsetzen wollen, sollten Sie wie bei den Fischen vorgehen, aber etwas länger abwarten, bevor Sie diese einsetzen (ungefähr eine Woche).

Wichtige Anmerkungen:

1. Setzen Sie zu Beginn nur wenige Fische/

Sonja Cygnel

Sowohl Schnecken als auch Garnelen sind im Aquarium nützlich, und sie sind auch noch attraktiv.

Die Feuer-Zwerggarnele ist eine hübsche Garnele, die besonders für Anfänger gut geeignet ist.

Garnelen etc. ein. Warten Sie daraufhin ungefähr vier Wochen, bevor Sie weitere Tiere hinzusetzen.

2. Füttern Sie in den ersten fünf Wochen nur kleine Futterportionen und auch nur jeden zweiten Tag.
3. Wenn Ihr Leitungswasser Desinfektionsmittel wie Chlor oder Chloramin enthält, sollten Sie länger warten, bevor Sie Tiere einsetzen (eine Woche für Fische, mindestens zwei Wochen für Garnelen und Krebse) und einen Wasseraufbereiter benutzen, um dieses zu beseitigen.
4. Einige Bodensubstrate enthalten Nährstoffe, vor allem Ammonium, die dazu führen können, dass der Nitrit-Gehalt des Wassers ansteigt. Wenn Sie solche Substrate verwenden, sollten Sie keine lebenden Tiere einsetzen, bevor die Beschaffenheit des Wassers den Ansprüchen der Tiere genügt (Nitrat nicht mehr messbar, pH-Wert stabil). Dieses kann einige Wochen dauern.

Tägliche Pflege:

Fütterung:

Füttern Sie die gepflegten Tiere täglich per Hand (nicht mit einem Futterautomaten), aber Sie sollten wenigstens an einem Tag in der Woche nicht füttern. Wählen Sie Futter, das für die Ansprüche Ihrer Pfleglinge geeignet ist (pflanzliches Futter für Vegetarier, feines Frostfutter für Fleischfresser etc.). Wenn Sie Bodenbewohner pflegen, sollten Sie Futter anbieten, das auch zu Boden sinkt.

Schnecken wie diese *Tylomenia* sind sehr schön und interessante Aquarienbewohner.

Mikael Håkansson

Die meisten Zwergfische mögen feines Frostfutter und lieben kleineres Lebendfutter wie frisch geschlüpfte *Artemia*-Nauplien oder die kleinen Fruchtfliegen *Drosophila melanogaster* (im Foto).

Überwachung der Tier-Gesundheit:
Wenn Sie Ihre Fische, Garnelen, etc. füttern, so sollten Sie dabei ihr Verhalten beobachten. Gesunde Fische gehen sehr aktiv auf Futtersuche und fressen normal. Wenn die Tiere nicht fressen wollen, sollten Sie zunächst die Wasserparameter überprüfen (pH-Wert, Nitrit, Temperatur u.s.w.), um festzustellen, was nicht in Ordnung ist.

Überprüfung des Zubehörs:
Überprüfen Sie, ob der Heizer korrekt arbeitet (schauen Sie auf das Thermometer) und ob der Ausfluss aus dem Filter noch kräftig genug ist (wenn nicht, sollten Sie das Filtermaterial reinigen). Überprüfen Sie außerdem, ob die Zeitschaltuhr noch funktioniert.

Wenn Sie eine CO_2-Anlage benutzen, überprüfen Sie, ob der Dauertest die richtige Färbung anzeigt und dass die CO_2 -Flasche nicht leer ist. Wenn Sie keinen Dauertest verwenden, sollten Sie den pH-Wert messen.

Wöchentliche Pflegemaßnahmen:

Wasserwechsel:
Regelmäßige Wasserwechsel sind besonders in einem kleinen Aquarium extrem wichtig und als Grundregel sollten wöchentlich 30-35% des Wassers ausgetauscht werden, jedoch hängt die Menge und Häufigkeit des Wasserwechsels von folgenden Kriterien ab:
Weiches Leitungswasser mit geringer Pufferkapazität - wechseln Sie häufiger das Wasser.
Leitungswasser, das Desinfektionsmittel enthält - wechseln Sie weniger, aber häufiger (verwenden Sie immer einen Wasseraufbereiter).
Bepflanzung des Aquariums - in stark bepflanzten Aquarien können Sie weniger Wasser wechseln.
Wenn Sie flüssigen Pflanzendünger verwenden - wechseln Sie häufiger das Wasser.
Anzahl der gepflegten Tiere - viele Tiere, wechseln Sie häufiger das Wasser.
Filter - bei einer guten biologischen Filterung müssen Sie nicht so viel Wasser wechseln.

Pflege der Pflanzen:
Auch der Pflanzenwuchs sollte in einem Nano-Aquarium regelmäßig begutachtet werden und es sollte darauf geachtet werden, dass sie es nicht vollständig ausfüllen. Wenn Sie zu viele Pflanzen von einer Art haben, sollten Sie einige davon entfernen. Langstielige Pflanzen sollten von Zeit zu Zeit gekürzt werden, wenn sie die Wasseroberfläche erreicht haben. Entfernen Sie abgestorbene Blätter und Pflanzenteile aus dem Aquarium.

Viele wunderschöne Farbformen der Kristallroten Zwerggarnele werden gezüchtet. Das Foto zeigt eine völlig weiße Variante.

Wassertests:
Wenn Sie ein Nano-Aquarium in Betrieb nehmen, sollten Sie zunächst den pH-Wert, die Karbonathärte und den Nitrit-Gehalt ermitteln. Im ersten Monat sollten Sie den pH und das Nitrit alle zwei Wochen überprüfen, danach spätestens bei jedem Wasserwechsel. Nach etwa drei Monaten reicht es dann aus, nur noch einmal im Monat die Wasserparameter zu überprüfen. Es gibt jedoch eine Ausnahme. Wenn Sie noch weitere Fische, Garnelen etc. ins Aquarium einsetzen, sollten Sie verfahren, als ob Sie es gerade neu eingerichtet hätten.

Reinigung der Seitenscheiben:
Sie sollten die Glaswände Ihres Aquariums regelmäßig reinigen, da es dann sehr viel attraktiver aussieht und es einfacher ist, Dinge im Aquarium zu beobachten. Wenn es sich um ein Aquarium aus Acryl handelt, müssen Sie bei der Reinigung sehr vorsichtig sein, da Aquarienwände aus Acryl leicht zerkratzen. Es ist wichtig, die Reinigung regelmäßig vorzunehmen, denn wenn man Algen für lange Zeit an den Seitenscheiben belässt, bilden sie einen schwer zu entfernenden Belag, was die Gefahr des Zerkratzens deutlich erhöht.

Monatliche Pflegemaßnahmen:

Die Glasabdeckung ist nach einer Weile mit Staub bedeckt und vor allem auf der Innenseite bilden sich Algen- und Kalkablagerungen. Da eine verschmutzte Abdeckung den Lichteinfall stark reduzieren kann, sollte diese von Zeit zu Zeit gereinigt werden.

Quarantäne:
Wenn Sie sich neue Aquarientiere für ein bereits seit längerem betriebenes Aquarium anschaffen, sollten Sie diese zunächst für wenigstens 2-3 Wochen in ein Quarantänebecken setzen. Ein kleines Aquarium, das über eine Luftpumpe, einen Luftschlauch und einen Ausströmerstein mit Sauerstoff versorgt wird, ist dafür ausreichend. Befüllen Sie das Quarantänebecken mit Wasser aus Ihrem Nano-Aquarium und beobachten Sie die Tiere gut, bevor Sie sie in Ihr Aquarium überführen.

Wenn Sie erkrankte Tiere in ihrem Nano-Aquarium haben, ist es häufig besser, diese in das Quarantänebecken zu überführen und dort zu behandeln.

Schnellstartanleitung

Beispiel 1

Schritt 1: Erwerben Sie ein Nano-Aquarium. Besuchen Sie zuvor einige Zoofachgeschäfte und sehen sich die unterschiedlichen angebotenen Typen an. In unserem Beispiel zeigen wir einen 30-Liter NanoCube (30x30x35 cm) und Pflanzen der Firma Dennerle.

Schritt 2: Überprüfen Sie die Wasserparameter (pH und dKH) des Leitungswassers und entscheiden Sie dann, welche Fische aufgrund des ph-Wertes und der Beckengröße in Frage kommen. Alternativ können Sie jedoch die Wasserwerte auch so verändern, dass sie für die späteren Pfleglinge geeignet sind.

Schritt 3: Reinigen Sie das Aquarium mit warmem Wasser.

Schritt 4: Verdecken Sie die Außenseite der Rückscheibe z.B. mit einem Stück farbigen Kunststoff oder benutzen Sie im Inneren eine flache Aquarienrückwand. In unserem Beispiel haben wir schwarzes Plastik verwendet.

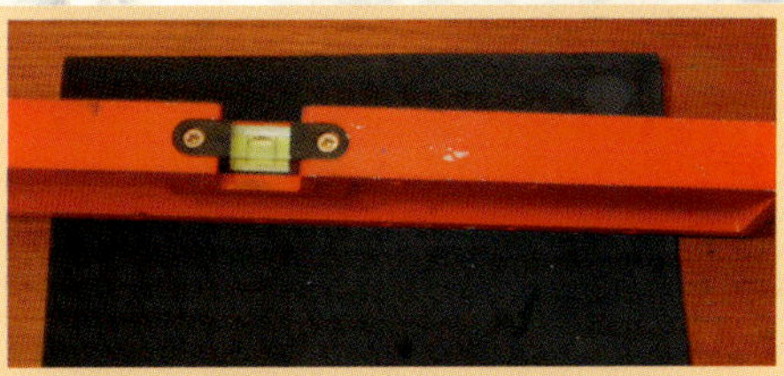

Schritt 5: Suchen Sie einen geeigneten Aufstellplatz für Ihr Nano aus (auf einem stabilen, waagerechten Untergrund) und wenn es keinen Rahmen besitzt, sollten Sie eine Aquarienunterlage verwenden.

Schritt 6: Kaufen Sie die Pflanzen und bereiten Sie diese vor. A/ Entfernen Sie die Kunststofftöpfe und so viel des Pflanzmediums wie möglich. B/ An kleinen Pflanzen wie *Hemianthus* und *Glossostigma* sollten Sie ungefähr 1 cm des Pflanzmediums belassen und den Rest abschneiden.

Schritt 7: Wässern Sie die Pflanzen vorsichtig und belassen Sie sie danach für 1-3 Tage im Wasser, bevor Sie sie einpflanzen.

Schritt 8: Bringen Sie in das Aquarium eine ungefähr 1-2 cm hohe Schicht Laterits auf dem Grund ein. Laterit ist ein sehr wichtiges Nährsubstrat für Pflanzen, aber Sie brauchen es nicht zu verwenden, wenn Sie keine wurzelnden oder gar überhaupt keine Pflanzen einsetzen.

Schritt 9: Auf das Laterit füllen Sie eine 3 (an der Frontscheibe) bis 5 (an der Rückscheibe) cm hohe Schicht Kies oder Sand (Körnung 0,5-2 mm) ein. Dieser Bodengrund sollte ausgewaschen werden, bevor man ihn ins Aquarium gibt.

Schritt 10: Experimentieren Sie bei der Einrichtung des Aquariums.

Schritt 11: Wässern und säubern Sie die Einrichtungsgegenstände (Steine, Hölzer etc.), bevor Sie sie ins Aquarium einbringen.

Schritt 12: Befüllen Sie das Aquarium zu 3/4 mit warmem Wasser (etwa 18-22 °C). Gießen Sie dabei das Wasser auf ein flaches Gefäß auf dem Grund, damit der Boden nicht aufgewirbelt wird.

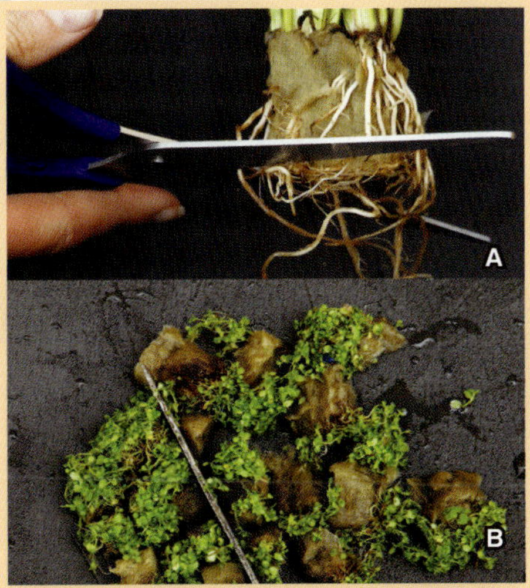

Schritt 13: Wässern Sie noch einmal die Pflanzen. A/ Wenn die Wurzeln zu lang sind, kürzen Sie sie ein und beseitigen Sie die abgestorbenen Blätter. B/ Kleinbleibende Pflanzen wie *Glossostigma* und *Hemianthus* sollte man in kleinere Stücke aufteilen.

Schritt 14: Wenn Sie die Pflanzen einsetzen, versuchen Sie die Wurzeln so in den Grund einzubringen, dass sie keine Klumpen bilden (die dann vermutlich verrotten). Bepflanzen Sie etwa 50-80 % des Bodens. Nutzen sie zumindest auch einige schnellwüchsige Pflanzen.

Schritt 15: Füllen Sie das restliche Aquarienwasser auf und starten Sie den Filter. Benutzen Sie einen Wasseraufbereiter.

Schritt 16: Installieren Sie die Beleuchtung, die Abdeckung und den Heizer (wenn nötig).

Schritt 17: Installieren Sie, falls nötig, das CO_2-System. In diesem Beispiel haben wir ein System der japanischen Firma ADA benutzt.

Schritt 18: Der letzte Schritt ist das Einsetzen der ersten lebenden Tiere in das Nano-Aquarium - mehr darüber auf Seite 21. Das Foto zeigt das Aquarium nach einer Woche. Die Pflanzen sind *Ludwigia mullertii, Taxiphyllum barbieri, Fontinalis hypnoides, Cryptocoryne* sp. „Flamingo" und *Cladophora aegagrophila*. Der Tierbesatz besteht aus *Danio margaritatus* und *Caridina multidentata*.
Alle Fotos Kjell Fohrman

Schnellstartanleitung

Beispiel 2

Schritt 1: In diesem Beispiel haben wir ein Wave-Vision-River-45-Aquarium von ungefähr 32 Litern Inhalt genutzt, das die deutsche Firma Amtra Aquaristik vertreibt.

Schritt 2: Wir haben einen Back-to-Nature-Slimline-Hintergrund verwendet, der sehr flach ist. Benutzen Sie Aquarien-Silikon, um eine solche Rückwand anzukleben.

Schritt 3: Passen Sie die Größe der Rückwand der Rückscheibe an. Versiegeln Sie den linken und rechten Spalt ...

Schritt 4: .....und auch den unteren Spalt mit Silikon. Andernfalls können kleinere Fische und Garnelen darin stecken bleiben.

Schritt 5: Das Aquarium ist nun fertig und bestückt mit einem Aufsatzfilter, einem Heizer, natürlichen Steinen und Bodengrund, leeren Schneckenhäusern, Pflanzen (*Vallisneria nana*) und Fischen (*Lamprologus ocellatus*). Alle Fotos Kjell Fohrman

Beispiele von Nano-Aquarien

Die Aquarien auf dieser Seite (alle mit 19 Litern Inhalt) sind einige der besten, die auf dem Nano-Wettbewerb der Messe „Planted Aquarium 2009" in Hannover ausgestellt wurden. Alle Fotos Kjell Fohrman

1/ Platz 1: Design Thorsten Lampe (ebenfalls auf der Umschlagsseite)
2/ Platz 2: Design Frank Logemann
3/ Platz 3: Design Carsten Logemann
4/ Platz 4: Design Tino Männling
5/ Platz 9: Design Dominik Brandt
6/ Platz 6: Design Uwe Kerßenfischer

1

2

3

4

5

6

Heutzutage gibt es viele verschiedene Arten von Nano-Aquarien und gleichzeitig entwerfen immer wieder Aquarianer mit viel Kreativität ihre eigenen einzigartigen Nanos. Auf dieser Seite zeigen wir einige Beispiele von Nanos mit verschiedenen, interessanten und häufig sehr schönen Designs.

Kjell Fohrman

Kleines (17 Liter) Aquabox-Aquarium mit ungewöhnlichem Dekor (Griechische Statuen) und Kristallroten Zwerggarnelen als Besatz.

Kjell Fohrman

Das BiOrb Life Aquarium (30 Liter) hat ein originelles und attraktives Design. Man sieht in diesem Aquarium eine kleine Variante von *Xiphophorus maculatus*.

Kjell Fohrman

Dieses Fluval Edge (23 Liter) hat ein sehr innovatives Design: so kann man zum Beispiel von oben auf die gepflegten Pflanzen und Tiere schauen. Besatz: Kristallrote Zwerggarnelen.

Kjell Fohrman

Ein alter Fernseher wurde zu einem Aquarium umgebaut - es ist ebenfalls mit Kristallroten Zwerggarnelen besetzt.

Kjell Fohrman

Ungewöhnliches Design für ein Nano-Aquarium - das Aussehen einer Lampe.

Daniel Larsson

Eine Vase von IKEA mit wenigen Litern Inhalt. Besatz: Schnecken und einige Garnelen.

Mikael Håkansson

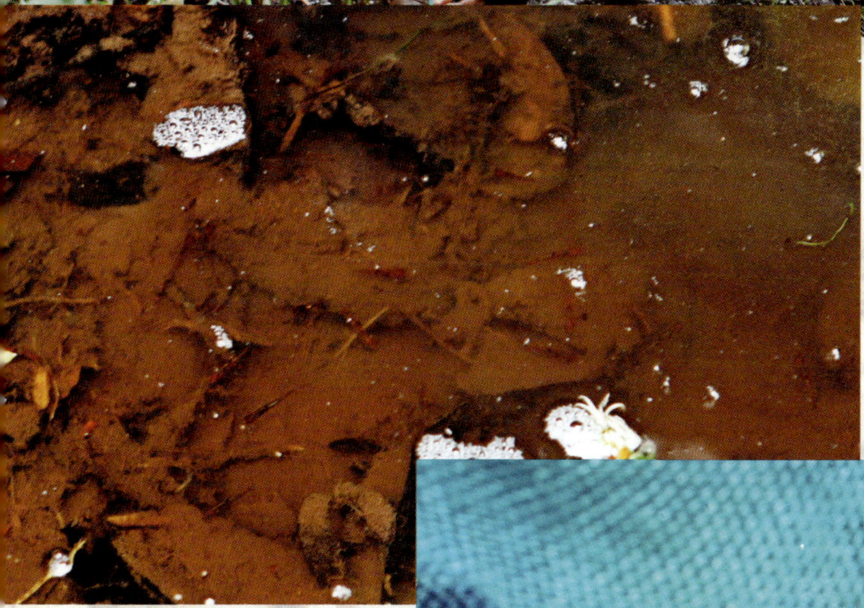

Mikael Håkansson

professioneller Fischfänger fängt *Boraras*
jittae in einem kleinen Fluss bei Mandor,
stliches Kalimantan, Borneo, Indonesien.

Mikael Håkansson

Eine Gruppe von Weißperlen-Zwerggarnelen bewegen sich auf einem Blatt hin und her.

Garnelen

Was sind Garnelen?

Garnelen gehören zur zoologischen Gruppe der Krebstiere uns sind Wirbellose (Tiere ohne Wirbelsäule). Ihr Skelett wird aus einem Panzer von Knochenplatten gebildet, einem sogenannten Außenskelett (Exoskelett).
Garnelen findet man in Süß- und Meerwasser, in kalten, subtropischen und tropischen Klimazonen auf der ganzen Welt.

Garnelen im Aquarium

Bevor man Garnelen in ein Aquarium einsetzt, sollte man darüber nachdenken, ob das Aquarium auch dafür geeignet ist. Erlaubt der bereits vorhandene Fischbesatz eine Pflege von Garnelen, sind die richtigen Pflanzen vorhanden und ist der Filter für Garnelen ungefährlich? Das sind nur einige Fragen, die man sich stellen sollte.

Das Aquarium

Heute findet man zahlreiche Nano-Aquarien im Handel, die sich für eine Pflege von Garnelen eignen. Die minimale Größe eines solchen Aquariums sollte 10 Liter betragen. Jedoch ist es nicht ganz einfach in einem solchen Aquarium, ein gutes biologisches Gleichgewicht dauerhaft zu erhalten. Aus diesem Grunde sollte man zur Pflege von Garnelen besser Aquarien mit einem Volumen von mindestens 20 Litern wählen, in denen sich die Garnelen schnell auf eine Menge von 150-200 Stück vermehren können, was natürlich zu starker Wasserbelastung führt.

Garnelen sind recht sauerstoffbedürftig, so dass sie nicht in Nanos mit einer zu kleinen Wasseroberfläche gepflegt werden sollten. Wenn man Sie beispielsweise in einem Fischglas pflegen möchte, sollte man das Wasser zumindest gut belüften.

Wie viele Garnelen?

Garnelen sind soziale Tiere, die (mit Ausnahme weniger Arten) in der Gruppe gepflegt werden sollten. Das Minimum sollten 8-10 Tiere sein, aber eine Gruppe kann auch aus 100 oder mehr Tieren bestehen.

Vergesellschaftung verschiedener Arten

Sich für bestimmte Garnelen zu entscheiden, ist nicht ganz so einfach, wenn man nur ein einziges Aquarium besitzt. Es gibt viele verschiedene Arten im Handel und einige davon lassen sich sogar vergesellschaften, aber sie sollten sehr vorsichtig auswählen, welche Arten sie zusammen pflegen wollen.
Wenn Sie beispielsweise zwei Arten gemeinsam pflegen wollen, sollten Sie beachten, wie

Garnelen - Hybridisierungs-Tabelle

	Caridina breviata	*Caridina carulea*	*Caridina cf. babaulti* var. grün	*Caridina cf. babaulti* var. Malaya	*Caridina cf. cantonensis* var. biene	*Caridina cf. cantonensis* var. blaue tiger	*Caridina cf. cantonensis* var. kristallschwarz	*Caridina cf. cantonensis* var. kristallrot	*Caridina cf. cantonensis* var. goldene biene	*Caridina cf. cantonensis* var. neue biene	*Caridina cf. cantonensis* var. panda	*Caridina cf. cantonensis* var. rote biene	*Caridina cf. cantonensis* var. tiger	*Caridina dennerlii*	*Caridina ensifera*	*Caridina fernandoi*	*Caridina glaubrechtii*	*Caridina gracilirostris*	*Caridina loehae*	*Caridina masapi*	*Caridina multidentata*	*Caridina propinqua*	*Caridina spinata*	*Caridina striata*	*Caridina serratirostris*	*Caridina sp. „black berry bee"*	*Caridina sp. „goldpunkt"*	*Caridina sp. „Towuti zebra"*	*Caridina sp. „weiße orchidee"*	*Caridina wolterekae*	*Neocaridina cf. zhangjiajiensis* var. Blauperle	*Neocaridina cf. zhangjiajiensis* var. weißperle	*Neocaridina heteropoda* var. rot	*Neocaridina heteropoda* var. gelb	*Neocaridina palmata*	*Neocaridina* var. blaubeere
C. breviata		o	o	o	x	!	x	x	!	!	!	x	!	o	o	o	o	o	o	o	o	o	o	o	o	o	o	o	o	o	o	o	o	o	o	o
C. carulea	o		o	o	o	o	o	o	o	o	o	o	o	o	!	o	o	o	o	o	o	o	o	o	o	o	o	o	o	o	o	o	o	o	o	o
C. babaulti grün	o	o		x	o	o	o	o	o	o	o	o	o	o	o	o	o	o	o	o	o	o	o	o	o	o	o	o	o	o	o	o	o	o	o	o
C. babaulti Malaya	o	o	x		o	o	o	o	o	o	o	o	o	o	o	o	o	o	o	o	o	o	o	o	o	o	o	o	o	o	o	o	o	o	o	o
C. cantonensis biene	x	o	o	o		x	x	x	x	!	x	x	x	o	o	o	o	o	o	o	o	o	o	o	o	o	o	o	o	o	o	o	o	o	o	o
C. can. blaue tiger	x	o	o	o	x		x	x	x	!	x	x	x	o	o	o	o	o	o	o	o	o	o	o	o	o	o	o	o	o	o	o	o	o	o	o
C. can. kristallschwarz	x	o	o	o	x	x		x	x	!	x	x	x	o	o	o	o	o	o	o	o	o	o	o	o	o	o	o	o	o	o	o	o	o	o	o
C. can. kristallrot	x	o	o	o	x	x	x		x	!	x	x	x	o	o	o	o	o	o	o	o	o	o	o	o	o	o	o	o	o	o	o	o	o	o	o
C. can. goldene biene	x	o	o	o	x	x	x	x		!	x	x	x	o	o	o	o	o	o	o	o	o	o	o	o	o	o	o	o	o	o	o	o	o	o	o
C. can. neue biene	!	o	o	o	!	!	!	!	!		!	!	!	o	o	o	o	o	o	o	o	o	o	o	o	o	o	o	o	o	o	o	o	o	o	o
C. can. panda	x	o	o	o	x	x	x	x	x	!		x	x	o	o	o	o	o	o	o	o	o	o	o	o	o	o	o	o	o	o	o	o	o	o	o
C. can. rote biene	x	o	o	o	x	x	x	x	x	!	x		x	o	o	o	o	o	o	o	o	o	o	o	o	o	o	o	o	o	o	o	o	o	o	o
C. can. tiger	x	o	o	o	x	x	x	x	x	!	x	x		o	o	o	o	o	o	o	o	o	o	o	o	o	o	o	o	o	o	o	o	o	o	o
C. dennerlii	o	o	o	o	o	o	o	o	o	o	o	o	o		o	o	o	o	o	o	o	o	o	o	o	o	o	o	o	o	o	o	o	o	o	o
C. ensifera	o	!	o	o	o	o	o	o	o	o	o	o	o	o		o	o	o	o	o	o	o	o	o	o	o	o	o	o	o	o	o	o	o	o	o
C. fernandoi	o	o	o	o	o	o	o	o	o	o	o	o	o	o	o		o	o	o	o	o	o	o	o	o	o	o	o	o	o	o	o	o	o	o	o
C. glaubrechtii	o	o	o	o	o	o	o	o	o	o	o	o	o	o	o	o		o	o	o	o	o	o	o	o	o	o	o	o	o	o	o	o	o	o	o
C. gracilirostris	o	o	o	o	o	o	o	o	o	o	o	o	o	o	o	o	o		o	o	o	o	o	o	o	o	o	o	o	o	o	o	o	o	o	o
C. loehae	o	o	o	o	o	o	o	o	o	o	o	o	o	o	o	o	o	o		o	o	o	o	o	o	o	o	o	o	o	o	o	o	o	o	o
C. masapi	o	o	o	o	o	o	o	o	o	o	o	o	o	o	o	o	o	o	o		o	o	o	o	o	o	o	o	o	o	o	o	o	o	o	o
C. multidentata	o	o	o	o	o	o	o	o	o	o	o	o	o	o	o	o	o	o	o	o		o	o	o	o	o	o	o	o	o	o	o	o	o	o	o
C. propinqua	o	o	o	o	o	o	o	o	o	o	o	o	o	o	o	o	o	o	o	o	o		o	o	o	o	o	o	o	o	o	o	o	o	o	o
C. spinata	o	o	o	o	o	o	o	o	o	o	o	o	o	o	o	o	o	o	o	o	o	o		o	o	o	o	o	o	o	o	o	o	o	o	o
C. striata	o	o	o	o	o	o	o	o	o	o	o	o	o	o	o	o	o	o	o	o	o	o	o		o	o	o	o	o	o	o	o	o	o	o	o
C. serratirostris	o	o	o	o	o	o	o	o	o	o	o	o	o	o	o	o	o	o	o	o	o	o	o	o		o	o	o	o	o	o	o	o	o	o	o
C. „black berry bee"	o	o	o	o	o	o	o	o	o	o	o	o	o	o	o	o	o	o	o	o	o	o	o	o	o		o	o	o	o	o	o	o	o	o	o
C. „goldpunkt"	o	o	o	o	o	o	o	o	o	o	o	o	o	o	o	o	o	o	o	o	o	o	o	o	o	o		o	o	o	o	o	o	o	o	o
C. „Towuti zebra"	o	o	o	o	o	o	o	o	o	o	o	o	o	o	o	o	o	o	o	o	o	o	o	o	o	o	o		o	o	o	o	o	o	o	o
C. „wieße orchidee"	o	o	o	o	o	o	o	o	o	o	o	o	o	o	o	o	o	o	o	o	o	o	o	o	o	o	o	o		o	o	o	o	o	o	o
C. woltereckae	o	o	o	o	o	o	o	o	o	o	o	o	o	o	o	o	o	o	o	o	o	o	o	o	o	o	o	o	o		o	o	o	o	o	o
N. zhan. blauperle	o	o	o	o	o	o	o	o	o	o	o	o	o	o	o	o	o	o	o	o	o	o	o	o	o	o	o	o	o	o		x	x	x	o	o
N. zhan. weißperle	o	o	o	o	o	o	o	o	o	o	o	o	o	o	o	o	o	o	o	o	o	o	o	o	o	o	o	o	o	o	x		x	x	o	o
N. heteropoda rot	o	o	o	o	o	o	o	o	o	o	o	o	o	o	o	o	o	o	o	o	o	o	o	o	o	o	o	o	o	o	x	x		x	o	o
N. het. gelb	o	o	o	o	o	o	o	o	o	o	o	o	o	o	o	o	o	o	o	o	o	o	o	o	o	o	o	o	o	o	x	x	x		o	o
N. palmata	o	o	o	o	o	o	o	o	o	o	o	o	o	o	o	o	o	o	o	o	o	o	o	o	o	o	o	o	o	o	o	o	o	o		o
N. var. blaubeere	o	o	o	o	o	o	o	o	o	o	o	o	o	o	o	o	o	o	o	o	o	o	o	o	o	o	o	o	o	o	o	o	o	o	o	

X = Hybridisierung möglich
O = Hybridisierung nicht möglich
! = Unbekannt oder unwahrscheinlich, dass eine Hybridisierung stattfindet

Linda Ivarsson

Feuer-Zwerggarnelen sind schön und anspruchslos und somit für Anfänger sehr gut geeignet.

schnell sich diese vermehren. Wenn die eine sich deutlich schneller als die andere vermehrt, kann sie die andere Art schnell dominieren. Als Folge kann die sich langsamer vermehrende Art mit der Zeit verschwinden. Sollte sich also eine Art deutlich schneller als die andere vermehren, sollte man immer wieder einige Jungtiere davon entfernen, um beide Arten in etwa auf dem gleichen Level zu halten.
Es besteht außerdem die Gefahr von Artkreuzungen. Wenn sich zwei Arten kreuzen, sind die daraus resultierenden Hybriden in der Regel hinfälliger und nicht so hübsch gefärbt. Es ist deshalb besser, Arten zu vergesellschaften, die sich gewöhnlich nicht kreuzen.

Eingewöhnung

Garnelen sind recht empfindlich und so kann beim Einsetzen in das Aquarium einiges schief gehen. Da frisch erworbene Tiere häufig durch den Transportstress geschwächt sind, sind Todesfälle kurz nach dem Erwerb nicht ungewöhnlich.
Aus diesem Grunde ist eine gute Eingewöhnung sehr wichtig, die mehrere Stunden in Anspruch nehmen kann. Lassen Sie den Beutel mit den neuen Garnelen für ungefähr 30 bis 60 Minuten im Aquarium schwimmen. Öffnen Sie danach den Beutel und fügen Sie dann in der nächsten Stunde so lange etwas Wasser aus dem Aquarium hinzu, bis sich die Wassermenge im Beutel verdoppelt hat. Nehmen Sie den Beutel mit den Garnelen aus dem Wasser und gießen Sie ihn in einen kleinen Eimer oder anderen Behälter aus. Lassen Sie ihn so für etwa 30 Minuten bei Raumtemperatur stehen. Dann geben Sie alle 5 Minuten eine Teetasse mit Wasser hinzu, bis der Eimer gefüllt ist. Lassen Sie den Eimer dann noch einmal 30-60 Minuten stehen. Gießen Sie das Wasser mit den Garnelen durch ein Netz aus und überführen Sie diese dann ins Aquarium. Geben Sie keinesfalls etwas vom Transportwasser ins Aquarium.
Wenn Garnelen umgesetzt werden, kann ihre Färbung dabei stark verblassen, aber diese kehrt nach einer Weile wieder zurück.

Wasserwechsel

Das Wasser in einem Aquarium mit Garnelen sollte wöchentlich teilweise ausgetauscht wer-

Johnny Wong

Fütterung für eine Gruppe von Goldenen Bienen-Zwerggarnelen.

den. Andernfalls reichern sich die Stoffwechselprodukte der Tiere zu stark an, was für die Garnelen und andere Aquarientiere sehr nachteilig sein kann.
Entnehmen Sie 25 bis 35% des Wassers aus dem Aquarium und tauschen Sie es durch Leitungswasser aus. Sie können auch kaltes Wasser dafür benutzen, wenn dadurch die Wassertemperatur nicht stärker als 2-3 °C absinkt.
Wenn Sie Wasseraufbereiter einsetzen, ist es gerade bei kleinen Aquarien anzuraten, diesen dem Frischwasser vor dem Einbringen in das Aquarium in einem Eimer hinzuzufügen.

Ernährung

In der Natur ernähren sich Garnelen häufig von Detritus (nicht lebendes organisches Material, bestehend aus abgestorbenen Lebewesen, tierischen Ausscheidungen, Pflanzenresten etc.). Im Aquarium finden Sie zumeist nicht genug davon, da wir dieses in der Regel recht sauber halten. Folglich haben wir die Tiere mit einem speziellen Futter zu füttern.
Die Ernährung kann recht vielseitig sein, so lange das Futter nicht zu viel Eiweiß enthält. Ein zu hoher Anteil an tierischem Eiweiß führt zu einem starken Anstieg des Stoffwechsels. Das kann dazu führen, dass sich die Tiere zu früh häuten und sterben.
Es gibt mittlerweile spezielles Garnelenfutter, das man beispielsweise mit Algenpellets und gekochtem Gemüse kombinieren kann. In geringen Mengen kann auch lebendes oder gefrorenes Fischfutter gereicht werden. Füttern Sie sparsam und geben Sie möglichst an einem Tag in der Woche kein Futter. Wenn Garnelen mit Fischen vergesellschaftet werden, fressen sie zwangsläufig auch Fischfutter.
Eine gute Ergänzung sind Blätter der folgenden Bäume: Buche, Mandel, Haselnuss, Walnuss und Eiche. Die Blätter (braune Blätter, die auf dem Boden liegen) müssen im Herbst möglichst nicht in der Nähe stark befahrener Straßen gesammelt werden. Spülen Sie sie ab und trocknen Sie sie anschließend. Die trockenen Blätter können dann einfach auf die Wasseroberfläche gegeben werden oder man übergießt sie zunächst mit heißem Wasser, damit sie schneller untergehen. Ein Blatt auf 10 Liter Wasservolumen sollte ausreichen. Das Wasser kann durch die Blätter eine leicht bräunliche Färbung annehmen.
Garnelen, die ihr Futter aus dem Wasser herausfiltern, wie z.B. *Atyopsis*, benutzen ihre zu Fächern modifizierten vorderen Gliedmaßen zum Fangen ihrer Nahrung. Wenn Sie derartige Garnelen pflegen wollen, sollten sie diesen mehr als anderen Garnelen füttern. Andern-

Kjell Fohrman

Einige getrocknete Blätter, z.B. der Buche und/ oder Eiche, sollten in Aquarien mit Garnelen nicht fehlen.

falls dürfte für sie nicht genügend Nahrung im Wasser vorhanden sein. Benutzen Sie spezielle Garnelen-Pellets und zerstoßen Sie sie in einem Mörser zu einem feinen Puder. Verstreuen Sie das Pulver dann auf die Wasseroberfläche. Seien Sie nicht zu sparsam mit dem Futter, denn es handelt sich ja um größere Garnelen.

Urlaubs-/Wochenendfutter - Tests mit derartigem Fischfutter haben ergeben, dass die Sterblichkeitsrate der importierten Garnelen und Zwerggarnelen bei Verwendung eines solchen Futters stark ansteigt (pers. Mitt. Mikael Håkansson, Schweden). Wir wissen nicht warum, aber Sie sollten, wenn überhaupt, nur kleine Portionen eines solchen Futters anbieten.

Erhöht Wochenendfutter die Mortalität bei Garnelen?

Kjell Fohrman

Die zurückgelassene Hülle einer Weißperlen-Zwerggarnele.

Kjell Fohrman

Die Häutung

Garnelen können nur wachsen, wenn Sie sich von Zeit zu Zeit häuten. Wenn das Außenskelett für ihren Körper zu klein geworden ist, tauschen sie ihre alte „Hülle“ aus. Jüngere Garnelen häuten sich noch öfter, wohingegen ältere Tiere dann nur noch sehr selten „aus der Haut fallen“. Die Häutung ist ein sehr komplizierter Prozess und sämtliche Vorgänge dabei sind noch nicht bis ins Detail erforscht.
Vor der Häutung verstecken sich die Tiere und werden apathisch. Wenn Sie zur Häutung bereit sind, bricht das Außenskelett hinten am Nacken auf. Ein weiterer Bruch findet zuweilen in der Mitte des Rückens statt, hinter dem zweiten Segment der Außenhülle. Die Garnele windet sich aus der alten Hülle heraus und wenn sie sich befreit hat, pumpt sie Wasser in ihren Körper, um zu wachsen. Wenn das neue Außenskelett ausgehärtet ist, ist die Garnele gewachsen. Die Exuvie verbleibt im Wasser und wird zumeist aufgefressen.
Zuweilen treten bei der Häutung Probleme auf. Wenn man zwar kleine Risse an der Außenhülle erkennt, sich aber die Garnele nicht häuten kann, so kann ein Wasserwechsel mit kühlerem Wasser Abhilfe schaffen. Wenn das nicht hilft, stirbt die Garnele in der Regel. Der häufigste Grund für eine missglückte Häutung ist eine falsche Ernährung mit einem zu hohen Anteil an tierischen Proteinen, ein Mangel an Kalzium oder anderen Mineralien, extreme Wasserparameter oder ein nicht ausreichender Sauerstoffgehalt des Wassers.

Vermehrung

Hinter dem Kopf einer weiblichen Garnele befindet sich eine kleine Tasche für die Eier, in der diese heranreifen. Sie sieht wie ein kleiner Sattel aus, wenn sie mit Eiern gefüllt ist.
Wenn die Eier vollständig entwickelt sind, produziert das Weibchen Pheromone, die sie ins Wasser abgibt. Die Männchen werden daraufhin aktiv und begeben sich auf die Suche nach dem fortpflanzungsbereiten Weibchen. Die Männchen werden förmlich rasend und schon bald beteiligen sich eine Menge Tiere an dieser „Party“. Das Weibchen wird sodann gleich von mehreren Männchen belagert, bis sich schließlich eines davon ans Hinterteil des Weibchens anheftet. Zunächst schwimmt das Weibchen noch mit dem anhaftenden Männchen herum, aber dann kommt es schließlich zur Ruhe. Nach einem kurzen Paarungsakt legt das Weibchen die Eier ab und heftet sie an ihre Pleopoden (die kleinen Schwimmbeine an der Unterseite des Hinterkörpers) an.

Es gibt unter den Garnelen zwei verschiedene Typen der Fortpflanzung, eine primitive und eine spezialisierte.

Primitiver Fortpflanzungstyp (indirekte Entwicklung)
Das ist ein langer Entwicklungsprozess, der zum Teil schon an der Mutter und zum anderen Teil im Wasser stattfindet.
Nach der Befruchtung trägt das Weibchen die Eier zwischen seinen Schwimmbeinen, wo sie sich zu Larven entwickeln. Die Larven durchlaufen dann verschiedene Stadien bis sie sich schließlich in einer Metamorphose in Garnelen verwandeln. Manchmal können sich diese Larven in Süßwasser entwickeln, aber die meisten von ihnen benötigen zu ihrer Entwicklung Brack- oder Meerwasser.

Spezialisierter Fortpflanzungstyp (direkte Entwicklung)
Bei diesem Fortpflanzungstyp findet die Entwicklung zur Junggarnele schon an der Mutter statt. Nach der Befruchtung der Eier trägt das Weibchen diese zwischen ihren Schwimmbeinen, wo sie als fertig entwickelte kleine Garnelen schlüpfen.

Pflege der trächtigen Weibchen und Jungtiere
Wenn ein Garnelen-Weibchen Eier trägt, müssen Sie nichts Besonderes tun, denn es wird die Eier selbst schützen und für die Jungtiere einen geeigneten Platz zum Aufwachsen suchen. Stellen Sie lediglich sicher, dass genügend Versteckmöglichkeiten vorhanden sind, z. B. in Form von Moosen oder anderen Pflanzen.

Sie können die kleinen Garnelen mit zerstoßenen Garnelen-Pellets füttern, welche sie einfach auf die Wasseroberfläche streuen. Das ist sehr wichtig, da die Jungtiere in den ersten Tagen nicht aktiv auf Nahrungssuche gehen, sondern sich in der Nähe ihrer Verstecke aufhalten. Manchmal reicht auch das noch nicht einmal aus und so sterben sie. Wenn man feinstes Futter auf die Wasseroberfläche streut, verteilt es sich jedoch sehr gut im gesamten Aquarium.

Sonja Cygnel

Die Tiger-Zwerggarnele ist vom spezialisierten Fortpflanzungstyp.

Kjell Fohrman

Eine dichte Bepflanzung dient Jungfischen und kleinen Garnelen als gute Versteckmöglichkeit.

Sie können zur Aufzucht der jungen Garnelen ein separates Aquarium benutzen, aber das ist nicht unbedingt notwendig.

Krankheiten

Porzellan-Krankheit
Diese Krankheit tritt zumeist bei den importierten Garnelen auf, aber sie kann auch übertragen werden, wenn man verschiedene Gruppen von Tieren miteinander vergesellschaftet. Sie wird durch parasitische Protozoen, Mikrosporidien der Art *Thelohania contejani*, hervorgerufen, die in der Muskulatur der Garnelen leben. Die Muskeln werden langsam geschädigt, die Bewegungen werden langsamer und schließlich sterben die Tiere daran.
Die Symptome sind ein Verlust der Färbung und eine milchige Verfärbung der Innereien. Dieses beginnt am Kopf und breitet sich dann über den Körper aus. Die Glieder versteifen sich und schließlich können nur noch das Maul und die Schwimmbeine bewegt werden. Innerhalb einiger Stunden stirbt die Garnele dann. Tote Garnelen müssen so schnell wie möglich aus dem Aquarium entfernt werden.
Eine Behandlung dieser Erkrankung kann mit Malachitgrün-haltigen Medikamenten versucht werden, die nach der Dosierungsanweisung des Herstellers angewendet werden sollten. Jedoch hilft eine solche Behandlung nicht immer.

Michael Wolfinger

Eine Garnele mit der Porzellan-Krankheit - zunächst wird der Ko milchig weiß, dann der gesamte Körper, von vorne nach hinten fortschreitend.

Michael Wolfinger

Eine Garnele mit der Milchkrankheit - der gesamte Körper ist milchig transparent weiß gefärbt.

Milch-Krankheit
Diese Erkrankung tritt fast ausschließlich nach einem Transport der Tiere auf, vermutlich aufgrund der Schwächung der Tiere durch Stress. Sie wird von parasitischen Protozoen verursacht, die als Myxosporidien bekannt sind. Dabei verfärbt sich der gesamte Körper der Tiere weiß (manchmal wird auch das Wasser milchig). Die Garnele stirbt zumeist recht schnell, nachdem sie die Färbung verändert hat. Diese Parasiten können auch für Fische gefährlich sein.
Die einzige Möglichkeit einer „Behandlung" ist das Entfernen verstorbener Tiere. Bislang konnte noch keine effektive Behandlungsmöglichkeit gefunden werden.

Bakterielle Infektionen
Wenn das Immunsystem von Garnelen geschwächt ist, können leicht bakterielle Infektionen auftreten. Diese Schwächung kann durch den Transport, eine bevorstehende Häutung, Verletzungen, falsche Wasserparameter, falsches Futter oder aber auch den Einsatz von Medikamenten hervorgerufen werden. Die Symptome einer Infektion durch Bakterien lassen sich häufig in Form von orangefarbenen Flecken auf dem Hinterkörper oder den Antennen erkennen.
Die Symptome für innere Infektionen können hingegen recht vielseitig sein. Zumeist verlieren die Tiere stark an Färbung oder der Körper färbt sich orange. Manchmal sterben die Tiere dabei innerhalb weniger Stunden. Nicht selten sterben dabei über einen längeren Zeitraum täglich Tiere. Zuweilen können Medikamente, die Nifurpirinol (in einigen Ländern verschreibungspflichtig) enthalten, Abhilfe schaffen, jedoch tötet dieses Antibiotikum auch nitrifizierende Bakterien ab und kann deshalb die Wasserqualität stark verschlechtern.

Baumwoll-Krankheit

Diese Erkrankung wird von Parasiten (Sporozoen) hervorgerufen, die in den Organen und manchmal auch im Muskelgewebe der Tiere leben. Die Parasiten bilden Zysten aus und können sich im gesamten Körper ausbreiten. Ohne einen Wirt können sie nicht überleben.
Symptome: anfänglich entwickeln die Tiere weiße, knötchenartige Gebilde, zunächst auf dem Kopf und an inneren Organen, wie dem Verdauungstrakt. Eine Garnele kann recht lange mit diesen Parasiten leben, wird dann aber mit hoher Wahrscheinlichkeit sterben, nicht selten an einer Verletzung des Verdauungstraktes.
Eine infizierte Garnele sollte schnellstmöglichst aus dem Aquarium entfernt werden.

Vergiftung

Vergiftungen sind durch verschiedenste Substanzen möglich, wie beispielsweise zu hohe Konzentrationen von Nitrit, Ammonium oder Nitrat. Aber auch Spuren von Metallen, Chlor, Chloramin, Seife oder Insekten-Spray können zum raschen Tod der Tiere führen.
Anzeichen für eine Vergiftung sind gewöhnlich einfach festzustellen. Die Tiere halten sich dann in der Regel nahe der Wasseroberfläche auf oder versuchen, aus dem Wasser herauszuspringen. Sie sterben dabei zumeist sehr plötzlich.
Zunächst sollten Sie versuchen, die Ursachen für das Sterben der Tiere zu finden. Testen Sie deshalb sofort das Wasser und überprüfen Sie die Wasserparameter. Wenn Sie irgendwelche zu hohen Konzentrationen von schädlichen Substanzen feststellen, sollten Sie sofort einen 50-80%igen Wasserwechsel durchführen und sollten weiterhin täglich etwas Wasser austauschen, bis die Tiere wieder ein normales Verhalten an den Tag legen. Benutzen Sie bei jedem Wasserwechsel einen Wasseraufbereiter, der für Garnelen ungefährlich ist. Die meisten Wasseraufbereiter eliminieren auch Desinfektionsmittel wie Chlor und Chloramin sowie Metalle wie Kupfer (überprüfen Sie vor dem Gebrauch die Wirkungsweise). Sie können jedoch das Wasser auch über Aktivkohle filtern oder Osmosewasser hinzugeben, um den Schadstoffgehalt des Wassers zu verringern.

Michael Wolfinger

1

Diese Garnele hat eine innere Bakteriose - Die Oberseite des Körpers wird, von oben beginnend, weiß oder orange.

Überhitzung

Halten Sie die Wassertemperatur unter 25 °C. Garnelen aus den Seen (nicht aus den Flüssen) in Sulawesi sind jedoch eine Ausnahme und sollten bei höheren Temperaturen gepflegt werden.
Im Sommer können Sie das Wasser durch Ausschalten der Beleuchtung sowie das Entfernen der Abdeckung kühler erhalten. Sie können auch einen kleinen Ventilator zur Kühlung einsetzen. Wenn das Wasser zu warm wird, können Sie es auch durch Wasserwechsel mit etwas kühlerem Wasser abkühlen.

Einige Bemerkungen:

a) Kleine Garnelen haben nur eine kurze Lebensdauer (bis zu zwei Jahre),

Kjell Fohrman

2

Es gibt speziell für die Aquaristik hergestellte kleine Lüfter, um das Wasser etwas zu kühlen.

Mikael Håkanson

Ein Lebensraum für Garnelen und Schnecken in drei Metern Tiefe im Matanosee in Sulawesi, Indonesien.

so dass ihr Tod auch mit hohem Alter begründet werden kann und nicht unbedingt krankheitsbedingt sein muss.

b) Garnelen, Schnecken und Krebse reagieren sehr empfindlich auf einige Medikamente, so dass Sie nur solche Medikamente verwenden sollten, die für Wirbellose ungefährlich sind.

c) Einige Garnelen (besonders Zwerggarnelen) reagieren auch auf Salz im Wasser sehr empfindlich.

Artbeschreibungen

Jede Garnelen-Art wird hier mit den folgenden Daten vorgestellt:

Caridina cf. cantonensis **var. Crystal red**

3/30 mm/12L/20-25^{0}C/pH 6-7,8

wobei:

3/ = Schwierigkeitsgrad auf einer Skala von 1-5; 1 = sehr einfach und 5 = sehr schwierig.

/30 mm/ = maximale Totallänge

/12L/ = minimale Aquariengröße in Litern.

/20-25 ^{0}C/ = geeignete Temperatur in °Celsius.

/pH 6-7,8 = geeigneter pH-Wert

Garnelenfänger in 3-4 Metern Tiefe im Matanosee, Sulawesi.

Caridina und *Neocaridina*

Dieses ist die größte und beliebteste Gruppe von Garnelen. Die Arten dieser Gruppe sind vergleichsweise einfach zu pflegen, sind harmlos gegenüber anderen Aquarientieren und eignen sich auch für kleinere Aquarien.

Die beste Wassertemperatur für diese Gruppe ist etwa 22 °C. Das Wasser muss sauber und reich an Sauerstoff sein und das Aquarium sollte Moose oder andere feine Pflanzen enthalten.

Diese Garnelen sind gesellige Pfleglinge, die in einer Gruppe von mindestens 10 Tieren gepflegt werden sollten.

Zu den bekannten Arten gehören die Feuer-(Cherry-)garnele sowie die Kristallrote, die Kristallschwarze und die Tigergarnele, da sie sehr attraktiv gefärbt und gezeichnet sind.

Die wohl am häufigsten gepflegte Garnele ist *Caridina multidentata*, die auch als Amano-Garnele bekannt ist. Diese Garnele ist so beliebt, da sie ein guter Algenfresser ist. Leider ist sie nicht einfach zu vermehren, da sich die Larven nur in Brack- bzw. Salzwasser entwickeln.

Eine Gruppe, die in der jüngsten Vergangenheit sehr populär geworden ist, sind die Sulawesi-Garnelen, die teilweise so farbig sind, dass sie leicht für Meerwassergarnelen gehalten werden können. Diese Tiere leben jedoch in Süßwasser und pflanzen sich auch darin fort. Diese Garnelen sind noch etwas kleiner als die anderen Zwerggarnelen (1,5-2 cm). Sie sind sehr scheu und verstecken sich zumeist. Sie benötigen eine besondere Beckeneinrichtung - einen dunklen Untergrund mit einigen Steinen und speziellen Pflanzen und Moosen. Sulawesi-Garnelen müssen in warmem Wasser gepflegt werden, wobei die Arten aus den Seen bei etwa 28 °C gepflegt werden sollten, die Flussbewohner hingegen bei etwa 24 °C. Es gibt bislang nur wenige Informationen über diese Garnelen, aber es wird angenommen, dass einige Arten gemeinsam mit Schnecken aus Sulawesi gepflegt werden müssen, da deren Kot wichtige Nährstoffe für die Garnelen enthält. Die Harlekin-Garnele soll in Symbiose mit einem Schwamm leben.

Einige Sulawesi-Garnelen scheinen in Symbiose mit Süßwasserschwämmen zu leben, die Steine besiedeln.

Sonja Cygnel

Caridina breviata
3/30mm/12L/18-28°C/pH 6-7,5

Familie: Atyidae
Handelsname: Hummel-Zwerggarnele
Verbreitung: China, Taiwan
Bemerkungen: Pflanzen- und Allesfresser - nur sehr sparsam mit tierischem Protein füttern. Spezialisierte Fortpflanzung. In der Natur existieren mehr als 70 verschiedene Varianten der Hummel-Zwerggarnele. Manchmal nur schwierig zu vermehren.

Mikael Håkansson

Caridina caerulea
3/20mm/20L/25-29°C/pH 7-8

Familie: Atyidae
Handelsname: Blaufußgarnele
Verbreitung: Indonesien: Poso-See in Sulawesi
Bemerkungen: Pflanzen- und Allesfresser. Spezialisierte Fortpflanzung. Die Eier sind sehr klein. Einige Steine, kleine Pflanzen und schwaches Licht im Aquarium. Eher scheu. Wurde anfangs als *C. ensifera* verkauft.

Kjell Fohrman

Caridina cf. *babaulti* var. Grün
3/40mm/20L/18-28°C/pH 6-7

Familie: Atyidae
Handelsname: Grüne Zwerggarnele, Grasgrüne Zwerggarnele
Verbreitung: Indien
Bemerkungen: Pflanzen- und Allesfresser. Spezialisierte Fortpflanzung. Nachkommen variieren stark in der Färbung.

Sonja Cygnel

Caridina cf. *babaulti* var. Malaya
3/30mm/12L/18-28°C/pH 6-7,5

Familie: Atyidae
Handelsname: Malaya-Babaulti, Malaya-Zwerggarnele
Verbreitung: Malaysia
Bemerkungen: Pflanzen- und Allesfresser. Primitive Fortpflanzung. Die Larven wachsen in Süßwasser auf und benötigen sehr feine Nahrung.

Caridina cf. *cantonensis* var. Biene

2/30 mm/20 L/10-28°C/pH 7-8,5

Familie: Atyidae
Handelsname: Bienen-Zwerggarnele, Wilde Bienen-Zwerggarnele
Verbreitung: China
Bemerkungen: Pflanzen- und Allesfresser. Sehr einfach zu pflegen und friedlich. Spezialisierte Fortpflanzung.

Ralph Töning

5

Caridina cf. *cantonensis* var. Blaue Tiger

3/30mm/20L/18-27°C/pH 6-7

Familie: Atyidae
Handelsname: Blaue Tiger-Zwerggarnele
Verbreitung: Zuchtform aus Deutschland
Bemerkungen: Pflanzen- und Allesfresser -nur sehr sparsam mit tierischem Protein füttern. Spezialisierte Fortpflanzung. Nachkommen variieren stark in der Färbung. Selektion der Nachzucht ist nötig.

Mikael Håkansson

6

Caridina cf. *cantonensis* var. Kristallschwarz

2/30mm/12L/15-28°C/pH 6-7,5

Familie: Atyidae
Handelsname: Kristallschwarze Zwerggarnele, Schwarz-weiße Bienengarnele
Verbreitung: Zuchtform aus Asien
Bemerkungen: Pflanzen- und Allesfresser - nur sehr sparsam mit tierischem Protein füttern. Spezialisierte Fortpflanzung.

Mattias Allroth

7

Mikael Håkansson

8

1/ *Caridina breviata*
2/ *Caridina caerulea*
3/ *Caridina* cf. *babaulti* var. Grün
4/ *Caridina* cf. *babaulti* var. Malaya
5/ *Caridina* cf. *cantonensis* var. Biene
6/ *Caridina* cf. *cantonensis* var. Blaue Tiger
7/ *Caridina* cf. *cantonensis* var. Kristallschwarz
8/ *Caridina* cf. *cantonensis* var. Kristallschwarz, Mosura Crown

Caridina cf. *cantonensis* var. Kristallschwarz King Kong

3/30mm/20L/20-25°C/pH 6-7

Familie: Atyidae
Handelsname: King-Kong-Zwerggarnele
Verbreitung: Zuchtform aus Asien und Deutschland
Bemerkungen: Pflanzen- und Allesfresser. Spezialisierte Fortpflanzung. Nachkommen variieren stark in der Zeichnung und Farbintensität. Selektion der Nachzucht ist nötig. Nicht für Anfänger geeignet.

Mikael Håkansson

Mikael Håkansson

Caridina cf. *cantonensis* var. Kristallrot

2/30mm/12L/18-25°C/pH 6-7,5

Familie: Atyidae
Handelsname: Kristallrote Zwerggarnele, Rote Bienen-Zwerggarnele
Verbreitung: Zuchtform aus Asien
Bemerkungen: Pflanzen- und Allesfresser. Spezialisierte Fortpflanzung. Nachkommen variieren stark in der Zeichnung und Farbintensität.

Ralph Töning

Kjell Fohrman

1-2/ *Caridina* cf. *cantonensis* var. Kristallschwarz, King Kong
3-4/ *Caridina* cf. *cantonensis* var. Kristallrot

Caridina cf. *cantonensis* var. Kristallrot (Grade)

3/30mm/12L/20-25°C/pH 6-7,5

Familie: Atyidae
Handelsname: Kristallrote Zwerggarnele Grade S, SS, SSS
Verbreitung: Zuchtform aus Asien
Bemerkungen: Pflanzen- und Allesfresser - nur sehr sparsam mit tierischem Protein füttern. Spezialisierte Fortpflanzung. Nachkommen variieren stark in der Zeichnung und Farbintensität. Selektion der Nachzucht ist nötig, um die Grades zu erhalten. Nicht für Anfänger geeignet.

2
Mikael Håkansson

3
Mikael Håkansson

Es gibt verschiedene Grades und Varianten der Kristallroten Zwerggarnele - hier sind einige Beispiele.
1/ Grade SSS, Mosura Flower
2/ Grade S, Tigertooth
3/ Grade SS, Hinomaru
4-5/ Grade SSS, Mosura

1
Mikael Håkansson

4
Mikael Håkansson

5
Mikael Håkansson

Mattias Allroth

Sonja Cygnel

Mikael Håkansson

1/ *Caridina* cf. *cantonensis* var. Goldene Biene
2/ *Caridina* cf. *cantonensis* var. Neue Biene
3/ *Caridina* cf. *cantonensis* var. Panda
4/ *Caridina* cf. *cantonensis* var. Rote Biene
5/ *Caridina* cf. *cantonensis* var. Tiger
6-8/ *Caridina dennerlii*

Caridina cf. *cantonensis* var. Golden Biene

4/30mm/12L/20-25°C/pH 6-7

Familie: Atyidae
Handelsname: Goldene Bienen-Zwerggarnele
Verbreitung: Zuchtform aus Asien und Deutschland
Bemerkungen: Pflanzen- und Allesfresser - nur sehr sparsam mit tierischem Protein füttern. Spezialisierte Fortpflanzung. Nachkommen variieren stark in der Zeichnung und Farbintensität. Selektion der Nachzucht ist nötig, um die Färbung zu erhalten. Nicht für Anfänger geeignet.

Caridina cf. *cantonensis* var. Neue Biene

3/30mm/12L/18-27°C/pH 6-7,5

Familie: Atyidae
Handelsname: Neue Bienen-Zwerggarnele
Verbreitung: Asien
Bemerkungen: Pflanzen- und Allesfresser. Die „neue" Bienen-Zwerggarnele ist aufgrund der intensiven breiten schwarz-weißen Bänderung populär geworden. Laut chinesischen Wissenschaftlern (2008) soll es sich um vier verschiedene Arten handeln: *Caridina venusta*, *C. tumida*, *C. maculate* und *C. meridionalis*. Weiches Wasser, zahlreiche Steine und Blätter, nicht so viele Pflanzen.

Caridina cf. *cantonensis* var. Panda

3/30mm/20L/20-24°C/pH 6-7,5

Familie: Atyidae
Handelsname: Panda-Zwerggarnele, Taiwanesische Bienengarnele
Verbreitung: Zuchtform aus Asien, Taiwan.
Bemerkungen: Pflanzen- und Allesfresser. Spezialisierte Fortpflanzung. Nachkommen variieren stark in der Zeichnung und Färbung.

Caridina cf. *cantonensis* var. Rote Biene
3/30 mm/20L/10-28°C/pH 7-8

Familie: Atyidae
Handelsname: Rote Bienen-Zwerggarnele
Verbreitung: Zuchtform aus China
Bemerkungen: Pflanzen- und Allesfresser. Es gibt viele Spekulationen über die Entstehung dieser Zuchtform. Laut chinesischen „Quellen“ soll es sich um eine Kreuzung zwischen der Kristallroten Zwerggarnele und einer der vielen Hummel-Zwerggarnelen handeln. Der Körperbau ist robuster als bei der Kristallroten Zwerggarnele und auch die Form des Rostrums ist anders.

Caridina cf. *cantonensis* var. Tiger
2/30mm/12L/18-27°C/pH 6-7

Familie: Atyidae
Handelsname: Tiger-Zwerggarnele
Verbreitung: China
Bemerkungen: Pflanzen- und Allesfresser. Spezialisierte Fortpflanzung. Scheu in kleinen Gruppen. Benötigt Buchenlaub.

Caridina dennerlii
3/20mm/20L/25-30°C/pH 7,5-8,5

Familie: Atyidae
Handelsname: Weißfuß-Kardinalsgarnele, Blaupunkt-Matano-Garnele, Blaupunkt-Kardinalsgarnele, Rote Weißpunkt-Bienengarnele
Verbreitung: Indonesien: Matano-See in Sulawesi
Bemerkungen: Pflanzen- und Allesfresser. Die am leichtesten zu pflegende Sulawesi-Garnele. Spezialisierte Fortpflanzung. Aquarien mit einigen Steinen, kleinwüchsigen Pflanzen und schwachem Licht. Ziemlich scheu.

Mikael Håkansson

Ralph Töning

Sonja Cygnel

Mikael Håkansson

Anders Johnsson

Mikael Håkansson

Caridina ensifera
3/20mm/20L/25-29°C/pH 7-8

Familie: Atyidae
Handelsname: Ensifera-Zwerggarnele, Rote Ensifera-Zwerggarnele
Verbreitung: Indonesien: Poso-See in Sulawesi
Bemerkungen: Pflanzen- und Allesfresser. Spezialisierte Fortpflanzung. Eier sind sehr klein. Sehr scheue Garnele.

Tor Kreutzman

Caridina fernandoi
3/25mm/20L/22-28°C/6,5-8,5

Familie: Atyidae
Handelsname: Fernandos Rückenstrichgarnele
Verbreitung: Sri Lanka
Bemerkungen: Pflanzen- und Allesfresser. Einfach zu pflegen, aber schwer zu vermehren. Primitive Fortpflanzung im Süßwasser. Die Larven durchwandern mehrere Stadien bevor sie sich zu einer fertigen Garnele entwickeln. Benötigen sehr feine Nahrung.

Mikael Håkansson

1/ Caridina ensifera
2/ Caridina fernandoi
3/ Caridina glaubrechtii
4/ Caridina masapi
5-6/ Caridina gracilirostris
7/ Caridina loehae

Caridina glaubrechtii
4/22mm/20L/25-29°C/pH 7-8,5

Familie: Atyidae
Handelsname: Rote Orchideen-Zwerggarnele
Verbreitung: Indonesien: Towuti-See in Sulawesi
Bemerkungen: Pflanzen- und Allesfresser. Einzelgänger. Überbesatz, zu niedrige Temperaturen und häufiges Umsetzen kann die Tiere so stark stressen, dass sie sterben. Benötigen eine nicht zu helle Beleuchtung.

Caridina gracilirostris
2/40mm/20L/20-28°C/pH 7-8

Familie: Atyidae
Handelsname: Rote Nashorn-Zwerggarnele, Pinocchio-Zwerggarnele
Verbreitung: Indien, Südostasien
Bemerkungen: Pflanzen- und Allesfresser. Primitive Fortpflanzung in Brackwasser.

Caridina loehae
4/18mm/15L/22-28°C/pH 7-8,5

Familie: Atyidae
Handelsname: Orange Matano-Zwerggarnele
Verbreitung: Indonesien: Malili-Seen sowie deren Zuflüsse in Sulawesi.
Bemerkungen: Pflanzen- und Allesfresser. Einzelgänger. Überbesatz, zu niedrige Temperaturen und häufiges Umsetzen kann die Tiere so stark stressen, dass sie sterben. Benötigen eine nicht zu helle Beleuchtung.

Caridina masapi
3/22mm/12L/22-28°C/pH 7,5-8,5

Familie: Atyidae
Handelsname: Sulawesi-Zwerggarnele, Towuti-Zwerggarnele, Towuti-Tiger-Zwerggarnele
Verbreitung: Indonesien: Malili-Seen sowie deren Zuflüsse in Sulawesi.
Bemerkungen: Pflanzen- und Allesfresser. Spezialisierte Fortpflanzung. Nahrung sollte vor allem pflanzlich sein. Jungtiere können mit feinem Plankton ernährt werden. Ziemlich scheu.

Mikael Håkansson

Kjell Fohrman

Kjell Fohrman

Mikael Håkansson

Daniel Larsson

Caridina multidentata

2/50mm/30L/18-30°C/pH 6-8

Familie: Atyidae
Handelsname: Amano-Garnele, Japonica
Verbreitung: Japan, Taiwan, Madagaskar, Indonesien
Bemerkungen: Pflanzen- und Allesfresser. Primitive Fortpflanzung in Brackwasser. Guter Algenfresser.

Peter Nyman

Caridina propinqua

2/30mm/12L/22-30°C/pH 6-8

Familie: Atyidae
Handelsname: Mandarinen-Zwerggarnele.
Verbreitung: Südostasien
Bemerkungen: Pflanzen- und Allesfresser. Lebt in Süß- und Brackwasser, Mangrove-Gebieten und Flussmündungen. Primitive Fortpflanzung. Die orange Färbung kann sich verändern.

Ralph Töning

Caridina serratirostris

2/30mm/20L/21-26°C/pH 6-7

Familie: Atyidae
Handelsname: Ninja-Garnele
Verbreitung: Südostasien
Bemerkungen: Pflanzen- und Allesfresser. Primitive Fortpflanzung in Brackwasser. Färbung kann sich durch Wasserwechsel, Temperatur und Stimmung verändern.

Mikael Håkansson

1-2/ *Caridina multidentata*
3/ *Caridina propinqua*
4/ *Caridina serratirostris*
5/ *Caridina* sp. „Black Berry Bee"
6/ *Caridina* sp. „Goldpunkt"
7/ *Caridina* sp. „Towuti-Zebra"
8/ *Caridina* sp. „Zweifarben Matano"

Caridina sp. „Black Berry Bee“
3/20mm/12L/25-29°C/pH 7,5-8,5

Familie: Atyidae
Handelsname: Brombeer-Zwerggarnele
Verbreitung: Indonesien: Sulawesi
Bemerkungen: Pflanzen- und Allesfresser. Spezialisierte Fortpflanzung. Dunkler Untergrund und schwache Beleuchtung. Scheu

Mikael Håkansson

Caridina sp. „Goldpunkt“
4/50mm/20L/18-27°C/pH 6,5-7,5

Familie: Atyidae
Handelsname: Goldpunkt-Garnele
Verbreitung: Asien
Bemerkungen: Pflanzen- und Allesfresser. Primitive Fortpflanzung in Süßwasser. Nicht scheu. Sehr stressanfällig.

Ralph Töning

Caridina sp. „Towuti-Zebra“
4/20mm/12L/25-32°C/pH 7,5-8,5

Familie: Atyidae
Handelsname: Towuti-Zebra-Garnele
Verbreitung: Indonesien: Towuti-See in Sulawesi
Bemerkungen: Pflanzen- und Allesfresser. Sehr scheu. Schwache Beleuchtung und dunkler Untergrund. Sehr stressanfällig gegenüber Transport, niedrigen Temperaturen und Umsetzen.

Mikael Håkansson

Caridina sp. „Zweifarben Matano“
3/20 mm/12L/22-27°C/pH 7,5-8,5

Familie: Atyidae
Handelsname: Zweifarbige Matano-Garnele
Verbreitung: Nuha-River und Zufluss zum Matano-See, Sulawesi
Bemerkungen: Pflanzen- und Allesfresser. Spezialisierte Fortpflanzung. Nachwuchs kann verschieden gefärbt sein. Ziemlich scheu.

Mikael Håkansson

Mikael Håkansson

Mikael Håkansson

Mikael Håkansson

Mikael Håkansson

Caridina sp. „Weiße Orchidee“
3/20mm/20L/25-30°C/pH 7,5-8,5

Familie: Atyidae
Handelsname: Weiße Orchideen-Garnele, Rote Poso-Garnele
Verbreitung: Indonesien: Poso-See in Sulawesi
Bemerkungen: Pflanzen- und Allesfresser. Spezialisierte Fortpflanzung. Dunkler Untergrund und schwache Beleuchtung. Ziemlich scheu.

Caridina spinata
3/22mm/12L/26-29°C/pH 7-8,5

Familie: Atyidae
Handelsname: Rotgelbe Towuti-Garnele
Verbreitung: Indonesien: Towuti-See in Sulawesi
Bemerkungen: Pflanzen- und Allesfresser. Spezialisierte Fortpflanzung. Jungtiere ernähren sich von Detritus und Kleinstlebewesen. Steine und eine kurze, grasartige Bepflanzung sind für die Pflege anzuraten. Sehr scheu.

Caridina striata
4/18mm/15L/25-28°C/pH 7-8,5

Familie: Atyidae
Handelsname: Rotlinien-Garnele
Verbreitung: Indonesien: Towuti-See und Mahalona-See in Sulawesi.
Bemerkungen: Pflanzen- und Allesfresser. Spezialisierte Fortpflanzung. Steine und kurze, grasartige Pflanzen anzuraten. Sehr scheu.

1/ *Caridina* sp. „Weiße Orchidee“
2/ *Caridina spinata*
3-4 /Verschiedene Varianten von *Caridina striata*

Caridina woltereckae
4/18mm/12L/25-28°C/pH 6,5-8,5

Familie: Atyidae
Handelsname: Harlekin-Garnele
Verbreitung: Indonesien: Towuti-See in Sulawesi.
Bemerkungen: Pflanzen- und Allesfresser. Spezialisierte Fortpflanzung, aber Aufzucht der Jungtiere ist sehr schwierig. Einige Steine, kleine Pflanzen und schwache Beleuchtung im Aquarium. Ziemlich scheu.

Mikael Håkansson

Neocaridina cf. *zhangjiajiensis* var. Blauperle
3/30mm/12L/15-27°C/pH 6-8

Familie: Atyidae
Handelsname: Blauperlen-Garnele
Verbreitung: Zuchtform aus Deutschland
Bemerkungen: Pflanzen- und Allesfresser. Mutation der Weißperlen-Garnele. Nachwuchs zeigt verschiedene Färbungen, Selektionszucht ist nötig.

Johnny Wong

Neocaridina cf. *zhangjiajiensis* var. Weißperle
1/30mm/12L/15-27°C/pH 6-8

Familie: Atyidae
Handelsname: Weißperlen-Garnele
Verbreitung: Zuchtform aus Deutschland
Bemerkungen: Pflanzen- und Allesfresser. Farbmutation der Wildform. Sehr leicht zu pflegen, geeignet für Anfänger. Liebt Buchen- und Eichen-Blätter.

Kjell Fohrman

1/ *Caridina woltereckae*
2/ *Neocaridina* cf. *zhangjiajiensis* var. Blauperle
3/ *Neocaridina* cf. *zhangjiajiensis* var. Weißperle

Sonja Cygnel

Neocaridina heteropoda var. Rot

1/30 mm/12L/5-30^{0}C/pH 5,5-8,5

Familie: Atyidae
Handelsname: Red-Cherry-Garnele, Feuer-Zwerggarnele
Verbreitung: Taiwan
Bemerkungen: Pflanzen- und Allesfresser. Sehr leicht zu pflegen und zu vermehren. Selektionszucht ist nötig, um die kräftig rote Färbung zu erhalten.

Kjell Fohrman

Neocaridina heteropoda var. Sakura

2/30mm/12L/5-30^{0}C/pH 6-8

Familie: Atyidae
Handelsname: Sakura-Garnele
Verbreitung: Zuchtform
Bemerkungen: Pflanzen- und Allesfresser. Spezialisierte Fortpflanzung. Leicht zu pflegen.

Johnny Wong

Neocaridina heteropoda var. Gelb

2/30mm/12L/16-28^{0}C/pH 6-8

Familie: Atyidae
Handelsname: Gelbe Zwerggarnele
Verbreitung: Zuchtform aus Asien
Bemerkungen: Pflanzen- und Allesfresser. Spezialisierte Fortpflanzung. Kann die Färbung durch Stress wechseln oder verlieren.

Kjell Fohrman

1/ *Neocaridina heteropoda* var. Rot
2/ *Neocaridina heteropoda* var. Feuerrot Sakura
3/ *Neocaridina heteropoda* var. Gelb
4/ *Neocaridina palmata*

Neocaridina palmata

2/25mm/12L/18-28^{0}C/pH 6,5-8,5

Familie: Atyidae
Handelsname: Palmata-Garnele, Nektarinen-Garnele
Verbreitung: Südliches China
Bemerkungen: Pflanzenfresser und Allesfresser. Wildfänge dieser Garnelen tragen einen Parasiten (Saugwurm) im Nacken herum, der orange gefärbt ist. Seltene Art in Europa.

Kjell Fohrman

Neocaridina var. Blaubeere
3/40mm/12L/10-30°C/pH 6,5-8,5

Familie: Atyidae
Handelsname: Blaubeer-Garnele, Zhou-Hang-Garnele
Verbreitung: Taiwan, Südostliches China
Bemerkungen: Pflanzen- und Allesfresser. Spezialisierte Fortpflanzung. Tritt in verschiedenen Färbungen auf. Sehr selten in Europa.

Kjell Fohrman

Fächergarnelen
Diese Garnelen haben an den Vorderbeinen anstelle von Scheren Fächer, die sie dazu benutzen, um Futter aus dem Wasser herauszufiltern. Diese „Riesen" benötigen größere Mengen an Futter, so dass diese zusätzlich gefüttert werden sollten (mit Staubfutter). *Atya* und *Atyopsis* sind die am häufigsten gehandelten Gattungen. Leider sind nur wenige Arten für Nano-Aquarien geeignet. Einige Arten sind unverträglich untereinander oder gegenüber anderen Beckeninsassen.

Atyoida pilipes
3/70mm/40L/20-28°C/pH 6-8

Familie: Atyidae
Handelsname: Zwerg-Fächergarnele
Verbreitung: Philippinen, Papua Neuguinea, Indonesien
Bemerkungen: Allesfresser. Primitive Fortpflanzung in Brackwasser. Scheue Art.

1/ *Neocaridina* var. Blaubeere
2/ Fächergarnelen haben „Fächer" an ihren Vorderbeinen, aber die meisten dieser Garnelen sind zu groß für Nanos. Das Foto zeigt eine *Atyoida sulcatepis*.
3/ *Atyoida pilipes*

Mikael Håkansson

1

Kjell Fohrman

2

Sonja Cygnel

3

Sonja Cygnel

1/ *Palaemonetes paludosus*
2-3/ *Potamalpheops* sp.
4/ Die meisten der Langarmgarnelen sind Räuber und werden zu groß für Nanos. Das Foto zeigt eine neue Art von Sulawesi - *Macrobrachium* sp. „Gelbband“
5/ *Macrobrachium assamense*
6/ *Macrobrachium kulsiense*
7/ *Macrobrachium lanchesteri*

Glasgarnelen

Nahezu alle Garnelen, die einen transparenten Körper besitzen, werden als Glasgarnelen bezeichnet, manchmal auch als Geistergarnelen. Es werden viele verschiedene Arten gepflegt, die aber in Ermangelung eines Artnamens zumeist nur als Glasgarnelen angesprochen werden.

Einige dieser Arten haben am Ende des vorderen Beinpaares vergrößerte Scheren. Sie sind nicht immer friedliche Aquarientiere und einige sind gute Jäger. Zu dieser Gruppe gehören die Gattungen *Palaemonetes*, *Palaemon* und *Natantia*.

Palaemonetes paludosus
3/50mm/20L/15-25°C/pH 7-8

Familie: Palaeomonidae
Handelsname: Amerikanische Glas-Garnele, Geister-Garnele, Amerikanische Gras-Garnele
Verbreitung: Nordamerika; Florida, Arizona, Kalifornien
Bemerkungen: Allesfresser. Primitive Fortpflanzung in Süßwasser. Sehr gut entwickelter Geruchssinn. Jagt gerne nach Daphnien. Ältere Tiere verändern manchmal ihre Färbung und verlieren ihre Transparenz.

Potamalpheops sp.
5/15mm/15L/24-26°C/pH 6,5-7,5

Familie: Alpheidae
Handelsname: Purpur-Zebra-Garnele
Verbreitung: Asien
Bemerkungen: Allesfresser. Sehr schwierig zu pflegen, da sie hohe Ansprüche an die Nahrung stellt. Recht aggressiv aber sehr scheu. Besitzt kein Rostrum. Nach der Häutung sind die Streifen zuächst rot, später orange oder violett. Vermutlich primitive Fortpflanzung in Brackwasser.

Großarmgarnelen

Diese Garnelen sind häufig sehr attraktiv mit sehr langen, kräftigen Scheren am ersten Beinpaar. Die am besten bekannte Gruppe ist die Gattung *Macrobrachium*. Die kleineren Arten wie *M. lanchesteri* und *M. assamense* sind wenig scheu, aber die größeren Arten sind in der Regel nachtaktiv und verstecken sich während des Tages. Sie sind Jäger, die vorwiegend Fische fressen, einige sind auch auf Schnecken spezialisiert. Die meisten Arten sind für Nano-Aquarien ungeeignet.

Mikael Håkansson

Macrobrachium assamense
4/70mm/40L/20-30°C/pH 6,5-7,5

Familie: Palaemonidae
Handelsname: Rotscheren-Garnele
Verbreitung: Asien, Indien
Bemerkungen: Allesfresser - und ausgezeichneter Jäger (fängt kleinere Fische). Spezialisierte Fortpflanzung. Benötigt viele Versteckmöglichkeiten im Aquarium. Aggressive Art, die wesentlich besser für größere Aquarien geeignet ist.

Ingo Seidel

Macrobrachium kulsiense
3/40mm/40L/20-27°C/pH 7-8,5

Familie: Palaemonidae
Handelsname: Schneeflöckchen-Garnele
Verbreitung: Indien
Bemerkungen: Allesfresser - kann sehr kleine Fische fressen. Spezialisierte Fortpflanzung. Benötigt viele Versteckmöglichkeiten im Aquarium.

Ingo Seidel

Macrobrachium lanchesteri
4/70mm/40L/20-28°C/pH 6-7,5

Familie: Palaemonidae
Handelsname: Glas-Garnele
Verbreitung: Asien
Bemerkungen: Allesfresser - und Jäger (fängt kleinere Fische). Spezialisierte Fortpflanzung. Benötigt viele Versteckmöglichkeiten im Aquarium. Aggressive Art, die wesentlich besser für größere Aquarien geeignet ist.

Mike Norén

Krebse

Es ist möglich, Krebse in Nano-Aquarien zu pflegen, aber nur einige Zwergkrebse (max. 6 cm) eignen sich dafür. Die Minimalgröße eines Aquariums für Krebse sollte 20 Liter betragen und ein solches Aquarium eignet sich bestenfalls für *Cambarellus diminutus*, der kleinsten bekannten Art, die nicht größer als 2,5 cm lang wird.

Zwergkrebse können gemeinsam mit Fischen und Garnelen gepflegt werden, aber Sie müssen vorsichtig mit bodenbewohnenden Fischen sein. Wenn Krebse nämlich um Futter und Versteckplätze kämpfen müssen, kann es passieren, dass sie sich an Fischen vergreifen. Eigentlich sind Zwergkrebse jedoch sehr friedlich, jedoch sollten Sie darauf achten, dass genügend Versteckplätze zur Verfügung stehen und bepflanzen Sie das Aquarium nicht zu dicht, da Krebse sich gerne frei im Becken bewegen. Pflanzen fressen sie jedoch nicht.

Pflegen Sie nur ein bis zwei Zwergkrebse in einem Nano-Aquarium, da sie wirklich Platz benötigen. Wenn sich die Tiere vermehren, sollten Sie den Nachwuchs möglichst schnell aus dem Aquarium entfernen. Wenn sie nämlich nicht genügend Platz haben, fressen die erwachsenen die jungen Krebse auf. Außerdem bedeutet eine große Anzahl von Tieren auch eine höhere Wasserbelastung. Krebse sind Allesfresser, aber vermeiden Sie ebenfalls, ihnen zu viel tierisches Protein anzubieten, denn das kann auch bei ihnen zu Häutungsproblemen führen.

Das Aquarium kann mit feinem Bodengrund eingerichtet werden und Verstecke können durch Einbringen von gröberen Steinchen oder anderen Gegenständen geschaffen werden. Bepflanzen Sie das Aquarium mit Moos oder kleineren anderen Pflanzen, aber vermeiden Sie einen zu dichten Pflanzenwuchs. Stellen Sie sicher, dass die Tiere in der Abdeckung keine Durchschlupfmöglichkeiten finden, da Krebse gute Kletterer sind und andernfalls aus dem Aquarium entkommen können.

In einigen Ländern ist die Pflege von Krebsen generell nicht erlaubt und in anderen dürfen nur bestimmte Arten nicht gepflegt werden.

Kjell Fohrman

Ein großes Nano mit orangefarbenen Zwergflusskrebsen.

Sie sollten also vor dem Kauf von Krebsen die Rechtslage überprüfen. Der Grund für derartige Verbote ist die Möglichkeit der Übertragung von Krankheiten auf die einheimische Krebsfauna. Sie sollten also NIEMALS irgendwelche Krebse (ebenso wie andere Tiere aus ihrem Aquarium) in einheimischen Gewässern aussetzen.

Artbeschreibungen

Jede Krebs-Art wird hier mit den folgenden Daten vorgestellt:

Cambarellus patzcuarensis

2/50mm/20L/15-28°C/pH 7,5-8,5

wobei:

2/ = Schwierigkeitsgrad auf einer Skala von 1-5; 1 = sehr einfach und 5 = sehr schwierig.

/50 mm/ = maximale Totallänge

/20L/ = minimale Aquariengröße in Litern.

/15-28 °C/ = geeignete Temperatur in °Celsius.

/pH 6,5-8,5 = geeigneter pH-Wert

Aegla platensis
3/60mm/20L/15-24°C/pH 6-7

Familie: Aeglidae
Handelsname: Krabbenkrebs
Verbreitung: Südamerika: Brasilien, Paraguay, Argentinien, Uruguay.
Bemerkungen: Frisst vor allem Pflanzen, aber auch Insektenlarven. In Europa sehr selten. Es handelt sich nicht um einen echten Krebs, aber die Aeglidae stellen eine eigenständige Gruppe dar, die mit den Krebsen (und Lobstern) verwandt ist.

Cambarellus chapalanus
2/50mm/20L/18-26°C/pH 6,5-7,5

Familie: Cambaridae
Handelsname: Chapalanus-Zwergkrebs
Verbreitung: Magdalena-See, Chapala-See, Mexiko
Bemerkungen: Recht aggressiver *Cambarellus*. Spezialisierte Fortpflanzung. Nicht mit bodenbewohnenden Fischen vergesellschaften.

Cambarellus diminutus
2/25mm/20L/10-28°C/pH 6-8

Familie: Cambaridae
Handelsname: Blauer Diminutus, Kleinster Zwergkrebs
Verbreitung: Alabama und Missisippi, Nordamerika (Mobile County, Alabama, George- und Jackson County)
Bemerkungen: Lebt in Schlammlöchern. Vergräbt sich im Schlamm, wenn seine Gewässer austrocknen. Kleinster bekannter Krebs. Spezialisierte Fortpflanzung. Die blaue Färbung tritt auch in der Natur auf, kann aber durch Selektionszucht verstärkt werden.

Ingo Seidel

Ingrid de Graaf Bierbrouwer

Ralph Töning

Martine van der Werff

1/ *Aegla platensis*
2/ *Cambarellus chapalanus*
3/ *Cambarellus diminutus*
4/ Blaue Farbform von *Cambarellus diminutus*

Ralph Töning

Cambarellus montezumae montezumae
2/50mm/20L/16-28°C/pH 6,5-7,5

Familie: Cambaridae
Handelsname: Montezuma-Zwergkrebs, CMM, Mexikanischer Zwergkrebs
Verbreitung: Pacifik-Küste in Mexiko
Bemerkungen: Einfach zu pflegen und zu vermehren. Spezialisierte Fortpflanzung.

Sonja Cygnel

Cambarellus patzcuarenis
3/50mm/30L/10-26°C/pH 6,5-8,5

Familie: Cambaridae
Handelsname: Patzguaro-Zwergkrebs, Patzcuarensis
Verbreitung: Patzguaro-See, Michoacan; Mexiko
Bemerkungen: Spezialisierte Fortpflanzung. Aggressiv.

Ralph Töning

Cambarellus patzcuarenis var. orange
2/50mm/30L/10-26°C/pH 6,5-8,5

Familie: Cambaridae
Handelsname: Orange Zwergkrebs, CPO
Verbreitung: Zuchtform aus Holland.
Bemerkungen: Spezialisierte Fortpflanzung. In einem Nano nur einzelne oder paarweise Pflege möglich. Kann aggressiv werden.

Maria Hagberg

1/ *Cambarellus montezumae montezumae*
2/ *C. patzcuarenis*
3-4/ *C. patzcuarenis* var. orange. Foto 3 zeigt ein Eier tragendes Webchen.

Cambarellus puer
2/30mm/20L/15-27⁰C/pH 6-8

Familie: Cambaridae
Handelsname: Puer, Sumpf-Zwergkrebs, Knaben-Zwergkrebs
Verbreitung: Brazon und Barzoria Counties, Texas, Missisippi-Becken. Mündungsbereich des Deltas bis Johnson County, Illinois.
Bemerkungen: Spezialisierte Fortpflanzung. Einer der kleinsten *Cambarellus*. Friedlich.

Cambarellus texanus
2/40mm/20L/15-27⁰C/pH 6-8

Familie: Cambaridae
Handelsname: Brazos-Zwergkrebs, Texas-Zwergkrebs, Texanus
Verbreitung: Lavaco River und Bucht bis Brazos River, Texas.
Bemerkungen: Spezialisierte Fortpflanzung. Lebt in Schlammlöchern, die austrocknen.

Hyalella azteca
2/8mm/10L/15-28⁰C/pH 5-9

Familie: Hyalellidae
Handelsname: Mexikanischer Bachflohkrebs
Verbreitung: Nord- und Mittelamerika.
Bemerkungen: Allesfresser. Einfach zu vermehren und häufig als Futtertier für Fische gezüchtet.

Ingo Seidel

Ingrid de Graaf Bierbrouwer

Ralph Töning

1-2/ Cambarellus puer
3/ Cambarellus texanus
4/ Hyalella azteca

Sonja Cygnel

Mikael Håkansson

Mikael Håkansson

Mikael Håkansson

1-2/ *Limnopilos naiyanetri*
3-4/ Die meisten Krabben werden viel zu groß für Nanos, wie diese beiden Süßwasserkrabben aus Sulawesi - Timika blau und Timika orange.

Krabben

Es gibt auch einige sehr hübsche Krabben im Handel, aber die meisten von ihnen benötigen brackiges Wasser ebenso wie einen Landteil und können somit folglich nicht in einem Süßwasser-Nano gepflegt werden. Die meisten anderen Krabben werden für Nano-Aquarien viel zu groß, so dass nur noch sehr wenige Arten übrig bleiben. In diesem Buch stellen wir eine dieser Krabben vor, die winzige *Limnopilos naiyanetri*, die einfach zu pflegen ist und sich von Algen ernährt. Diese Art kann ganz ähnlich wie Garnelen gepflegt werden.

Limnopilos naiyanetri

2/12mm/6L/24-28°C/pH 6-7,5

Familie: Hymenosomatidae
Handelsname: Micro-Krabbe, Falsche Spinnenkrabbe
Verbreitung: Asien: Thailand.
Bemerkungen: Eine echte aquatische Süßwasser-Krabbe - die einzige derzeit verfügbare Krabbe, die sich für Nanos eignet. Pflege und Fütterung wie bei *Caridina*-Garnelen. Allesfresser - frisst sowohl Algen als auch fleischliche Kost. Kleine Aquarien (max. 15-20 Liter - in größeren verschwinden sie) mit vielen Pflanzen, die Versteckmöglichkeiten bieten (Moose, *Najas*, *Ceratophyllum* etc.). Vorwiegend nachtaktiv.

Mikael Håkansson

Schnecken

Mike Norén

Schnecken können eine sehr hübsche Bereicherung für das Aquarium sein.

Häufig eine Plage, werden diese Tiere jedoch von einigen Aquarianern geliebt.
Nahezu jeder Betreiber eines Aquariums fürchtet sich vor massenhafter Vermehrung von Schnecken in seinem Kleinstlebensraum. Die häufigste „Plage" ist dabei die Malayische Turmdeckelschnecke *Melanoides tuberculata*, aber sowohl diese als auch andere Schnecken sind sehr nützliche Aquarienbewohner, da sie Futterreste und häufig auch Algen fressen. Außerdem durchwühlen sie den Bodengrund und sorgen so dafür, dass er nicht fault. Wenn sich Arten wie *M. tuberculata* massenhaft vermehren, liegt das häufig daran, dass Sie zu viel füttern, zu wenig Wasser wechseln und/oder einen nicht effektiven Filter einsetzen. Eine kleine Invasion dieser Plagegeister kann ein Zeichen für mangelhafte Pflege sein. Wenn Sie diese wieder intensivieren, wird die Anzahl der Schnecken wieder automatisch zurückgehen.
Eine andere Möglichkeit, die Schnecken loszuwerden, ist die Pflege von Kugelfischen der Familie Tetraodontidae oder einiger Schmerlen, aber die meisten von ihnen werden für Nano-Aquarien zu groß und können sich darüber hinaus auch an den Garnelen vergreifen. Da ist es schon besser, die räuberische Schnecke *Anentome helena* einzusetzen, die zwar langsam aber sicher andere Schnecken vertilgt (etwa eine pro Tag). Benutzen Sie niemals Chemikalien zur Schneckenvertilgung, da diese häufig auch Garnelen oder andere Lebewesen im Aquarium töten. Außerdem können die zahlreichen abgestorbenen Schnecken das Wasser sehr stark verunreinigen und zu starker Nitritbelastung führen (die Fische, Garnelen etc. töten kann).

Viele Schnecken, wie beispielsweise *Neritina*-Arten und Apfelschnecken, sind auch gute Algenfresser. Ein Aquarium voller Algen kann innerhalb von zwei Wochen von einer Gruppe *Neritina* völlig leer gefressen werden. Problematisch ist jedoch, dass sie eigentlich nichts anderes als Algen fressen, und somit sollten Sie nicht zu viele davon pflegen, da sie ansonsten verhungern. Die meisten *Neritina*-Arten sind Brackwasser-Bewohner, aber einige können auch in Süßwasser gepflegt (wenn auch nicht vermehrt) werden.
Neritina fressen außerdem *Hydra* (kleine, wenige Millimeter lange, räuberische Tiere, die schnell im Aquarium zur Plage werden können) und das ist sehr vorteilhaft, da sich *Hydra* von jungen Garnelen ernähren.
Es ist wichtig, dass man die Schnecken durch eine Abdeckung daran hindert, aus dem Aquarium zu entkommen, da einige Arten auf Nahrungssuche oder, wie im Fall der Apfelschnecke, zum Ablegen der Eier an einem warmen, trockenen Ort das Wasser verlassen.

Mikael Håkansson

Mattias Allroth

Mikael Håkansson

1-2/ *Anentome helena*
3/ *Celetaia persculpta*

Einige Arten müssen bei höheren Temperaturen gepflegt werden, wie z.B. die Schnecken aus Sulawesi.
Schnecken können ohne Probleme gemeinsam mit Garnelen gepflegt werden.

Artbeschreibungen
Jede Schnecken-Art wird hier mit den folgenden Daten vorgestellt:
Pomacea bridgesii
1/65 mm/40L/20-28°C/pH 6-8,5
wobei:
1/ = Schwierigkeitsgrad auf einer Skala von 1-5; 1 = sehr einfach und 5 = sehr schwierig.
/65 mm/ = maximale Totallänge
/40L/ = minimale Aquariengröße in Litern.
/20-28 °C/ = geeignete Temperatur in °Celsius.
/pH 6-8,5 = geeigneter pH-Wert

Anentome helena
2/20mm/10L/18-28°C/pH 6-8

Familie: Buccinidae
Handelsname: Schneckenfresser-Schnecke, Raubturmdeckelschnecke
Verbreitung: Thailand
Bemerkungen: Schneckenfresser - frisst eine Schnecke pro Tag. Vermehrt sich im Süßwasser.

Celetaia persculpta
2/50mm/30L/24-28°C/pH 7-8

Familie: Viviparidae
Handelsname: Blaue Turbo-Schnecke, Turbo-Schnecke
Verbreitung: Asien: Poso-See, Sulawesi, Indonesien
Bemerkungen: Pflanzenfresser. Süßwasser-Schnecke, die einfach im Aquarium zu pflegen ist.

Clithon diadema
2/10 mm/15L/21-26°C/pH 6-8

Familie: Neritidae
Handelsname: Geweihschnecke
Verbreitung: Philippinen
Bemerkungen: Vermehrt sich nur im Brackwasser. Guter Algenfresser.

Ingo Seidel

Clithon sp.
2/20mm/15L/20-27°C/pH 7-8

Familie: Neritidae
Handelsname: Braune/Grüne/Geringelte Geweihschnecke
Verbreitung: Asien
Bemerkungen: Pflanzenfresser - guter Algenfresser. Vermehrt sich nur im Brackwasser. Es gibt zahlreiche *Clithon*-Arten in verschiedenen attraktiven Farben im Handel.

Mikael Håkansson

Corbicula javanicus
2/50mm/40L/20-28°C/pH 6-8

Familie: Corbiculidae
Handelsname: Java-Körbchenmuschel, Goldene Rillenmuschel
Verbreitung: Tropisches Asien
Bemerkungen: Eine Süßwassermuschel (keine Schnecke), die das Wasser filtert, so dass es sehr klar wird. Aber sie benötigt auch Nahrung, die sie aus dem Wasser herausfiltern kann. Am besten in kleiner Gruppe zu pflegen.

Ingo Seidel

Filopaludina munensis
2/30mm/25L/20-28°C/pH 6,5-8

Familie: Viviparidae
Handelsname: Tiger-Schnecke
Verbreitung: Südostasien
Bemerkungen: Allesfresser. Normalerweise ein Bodenbewohner.

Mikael Håkansson

1/ *Clithon diadema*
2/ *Clithon* sp.
3/ *Corbicula javanicus*
4/ *Filopaludina munensis*

Mari Åhrström

Christian Alfredsson

Ingo Seidel

Mari Åhrström

1/ *Marisa cornuarietis*
2/ *Melanoides tuberculata*
3/ *Neritina puligera*
4/ *Physa* sp.
5-8/ Farbformen von *Planorbella duryi*
9/ *Pomacea bridgesii*

Marisa cornuarietis

1/50mm/40L/15-28^{0}C/pH 6-8,5

Familie: Ampullaridae
Handelsname: Paradiesschnecke
Verbreitung: Nördliches Südamerika und einige südliche Karibik-Inseln.
Bemerkungen: Allesfresser. Legt ihre Eier unterhalb der Wasseroberfläche ab. Frisst Aquarienpflanzen. Es existieren Zuchtformen. Toleriert leicht brackiges Wasser.

Melanoides tuberculata

1/30mm/5L/15-30^{0}C/pH 6-8.5

Familie: Thiaridae
Handelsname: Malayische Turmdeckelschnecke
Verbreitung: Malaysia, Israel, USA.
Bemerkungen: Gräbt den Boden durch und verhindert damit Fäulnis. Hermaphrodit.

Neritina pulligera

2/25mm/20L/20-28^{0}C/pH 7-8,5

Familie: Neritidae
Handelsname: Stahlhelm-Schnecke
Verbreitung: Asien
Bemerkungen: Pflanzenfresser - guter Algenfresser. Benötigt Brackwasser für die Fortpflanzung.

Physa sp.

2/15mm/10L/10-25^{0}C/pH 6-8,5

Familie: Physidae
Handelsname: Taschen-Schnecke, Kaulquappen-Schnecke
Verbreitung: Weltweite Verbreitung
Bemerkungen: Beseitigt abgestorbenes (Pflanzen-) Material und Algen.

Planorbella duryi
1/25mm/15L/12-28⁰C/pH 6-8,5

Familie: Planorbidae
Handelsname: Posthornschnecke
Verbreitung: Florida, USA.
Bemerkungen: Vermehrt sich im Süßwasser, Luftatmer. Es existieren verschiedene Farbformen.

Sonja Cygnel

Petra Lindvall

Sonja Cygnel

Sonja Cygnel

Pomacea bridgesii
1/65mm/40L/20-28⁰C/pH 6-8,5

Familie: Ampullaridae
Handelsname: Apfelschnecke
Verbreitung: Amazonas: Río Grande, Río Reyes bei Beni
Bemerkungen: Legt ihre Eier über der Wasseroberfläche in feuchter Umgebung ab. Frisst gewöhnlich keine Pflanzen (außer wenn sehr hungrig). Es existieren zahlreiche Farbformen.

Cecilia Knutsäter

Cecilia Knutsäter

Sonja Cygnel

Mike Norén

Ingo Seidel

Ingo Seidel

Scabies crispata

3/45mm/30L/21-26°C/pH 6-8

Familie: Unionidae
Handelsname: Zickzack-Muschel
Verbreitung: Südostasien
Bemerkungen: Eine Süßwassermuschel, die zur Verbesserung der Wasserqualität beiträgt. Am besten in kleiner Gruppe zu pflegen.

Thiara cancellata

3/20mm/20L/22-28°C/pH 6-8

Familie: Thiaridae
Handelsname: Haarige Turmdeckelschnecke
Verbreitung: Philippinen
Bemerkungen: Anspruchsvoller als viele andere Schnecken bezüglich der Nahrung. Es muss darauf geachtet werden, dass sie ständig genug zu fressen hat.

1, 4-5/ *Pomacea bridgesii*
2/ *Scabies crispata*
3/ *Thiara cancellata*
6/ Vittina coromandeliana
7/ Tylomelania patriarchalis
8-10/ Farbformen von *Tylomelania* sp. (oder vielleicht verschiedene Arten)
11/ Vittina semiconica

Tylomelania patriarchalis
3/100mm/30L/26-30°C/pH 7,5-8,5

Familie: Pachychilidae
Handelsname: Perlhuhn-Schnecke
Verbreitung: Matano-See, Sulawesi.
Bemerkungen: Benötigt schwaches Licht, viel Schatten und ein weiches Substrat. Bruttasche, aus der jede achte Woche ein Jungtier entlassen wird.

Tylomelania sp.
3/80mm/25L/26-30°C/pH 7,5-8,5

Familie: Pachychilidae
Verbreitung: Pososee, Sulawesi
Bemerkungen: Bruttasche. Benötigt schwaches Licht und viel Schatten. Sucht Kontakt zu Artgenossen. Es existieren zahlreiche Farbformen.

Vittina coromandeliana
2/25mm/20L/20-28°C/pH 6,5-8

Familie: Neritidae
Handelsname: Zebra-Rennschnecke
Verbreitung: Indonesien, Polynesien, Malaysia, Thailand.
Bemerkungen: Pflanzenfresser - Algenfresser. Legt weiße Eier auf Holz und Steinen ab, auf denen sich die Larven entwickeln. Benötigt Brackwasser für die Fortpflanzung. Unterschiedliche Zeichnungsmuster.

Vittina semiconica
2/25mm/20L/20-28°C/pH 6,5-8

Familie: Neritidae
Handelsname: Leopard-Rennschnecke
Verbreitung: Asien
Bemerkungen: Pflanzenfresser - Algenfresser. Benötigt Brackwasser für die Fortpflanzung.

Ingo Seidel

Ingo Seidel

Mikael Håkansson

Ingo Seidel

Mikael Håkansson

Ingo Seidel

Fische

In der Aquaristik sind einige Tausend Arten von Fischen bekannt, aber nur wenige davon sind für kleinere Aquarien geeignet. Nachfolgend möchten wir einige Kriterien auflisten, die Fische charakterisieren, die sich nicht für Nano-Aquarien eignen:

Große Arten (größer als 5-6 cm TL (Totallänge), ausgewachsen).

Sehr aktive Schwimmer.

Arten, die sehr stressanfällig sind.

Revierbildende Arten.

Arten, die das Wasser sehr stark verschmutzen.

Arten mit hohen Sauerstoff-Ansprüchen.

Unter bestimmten Umständen eignen sich selbst einige Fische mit diesen Eigenschaften für Nanos, z. B., wenn man das Aquarium in einer bestimmten Art und Weise einrichtet. Und so sind insgesamt etwa 400-500 Fischarten für kleinere Aquarien geeignet.

Christian Alfredsson

Ein sehr kleines Nano mit nur wenigen Litern Inhalt in einem alten MAC-Computer. Inhalt: einige Garnelen.

Außerdem müssen Sie immer im Hinterkopf behalten, dass die Gesetzgebung einiger Länder die Haltung von Zierfischen in kleinsten Aquarien verbietet. So müssen in Deutschland Behälter zur Pflege von Fischen mindestens 30 Liter Inhalt haben (in Österreich 54 Liter), in anderen Ländern (z. B. in Schweden) gibt es die Empfehlung (jedoch kein Gesetz), dass Aquarien zur Pflege von Fischen zumindest 40 Liter groß sein sollten. Wir möchten nicht anzweifeln, dass die Behörden dabei nur an das Wohl der Fische gedacht haben, jedoch fühlen sich eine ganze Reihe von Fischen auch in kleineren Aquarien sehr wohl und leben darin ebenso lange wie in größeren Aquarien. Einige davon bevorzugen sogar kleinere Behälter und zeigen in geräumigeren sogar eine größere Scheu und Anzeichen von Stress. Man sollte immer bedenken, dass jede Art spezielle Ansprüche an ihren Lebensraum hat (ein wichtiger Faktor ist beispielsweise die Größe und Form des Aquariums) und diese Ansprüche resultieren aus ihrem Verhalten und ihrer Größe.

Takashi Amano

Kleine Nanos mit Fischen sind nur etwas für erfahrene Aquarianer. Hier sehen wir ein schönes kleines Nano mit nur 4 Litern Inhalt mit Amano-Garnelen und *Poropanchax normani*

„Regeln für Nanos“

1. Pflegen Sie Fische niemals in Aquarien mit weniger als 15-20 Litern Inhalt. Einige extrem kleine Fische mögen auch das tolerieren, nur ist dann ein häufigerer Wasserwechsel erforderlich.
2. Man sollte maximal zwei Fischarten gemeinsam in einem Aquarium pflegen.
3. Füttern Sie sparsam und nur mit Futter, das für die gepflegten Fische geeignet ist, da sich eine Überfütterung bei dem geringen Wasservolumen sehr negativ auf die Wasserqualität auswirkt.
4. Pro Liter Aquarienwasser sollte maximal 1 cm (TL) Fisch (ausgewachsen) gepflegt werden.
5. Pflegen Sie nur Fische, die auch noch im Erwachsenenalter in Nano-Aquarien gepflegt werden können. Wenn die Tiere unter zu beengten Bedingungen heranwachsen, kann es zu Kümmerwuchs kommen.
6. Wenn die Fische stark im Boden graben, was beispielsweise bei vielen Buntbarschen der Fall ist, sollten Sie kein Laterit oder andere Pflanzsubstrate in den Boden einbringen.

Eingewöhnung

Es ist sehr wichtig, dass Fische vor dem Einsetzen an die neue Umgebung gewöhnt werden. Legen Sie den Transportbeutel mit neuen Fischen für etwa 30 Minuten in das Aquarium (bevorzugt in ein Quarantäne-Aquarium). Danach öffnen Sie den Beutel und fügen in den nachfolgenden 30 Minuten immer wieder etwas Wasser aus dem Aquarium hinzu, bis sich die Wassermenge im Beutel verdoppelt hat. Nehmen Sie den Beutel aus dem Wasser und geben Sie den Inhalt für 10 Minuten in einen kleinen Eimer. Danach geben Sie alle 5 Minuten eine Teetasse voller Aquarienwasser hinzu, bis sich der Eimer gefüllt hat. Lassen Sie den Eimer dann noch weitere 10 Minuten stehen. Fangen Sie die Fische mit dem Netz vorsichtig aus dem Eimer heraus und überführen Sie sie in das Aquarium. Vermeiden Sie es, Transportwasser in das Aquarium zu geben. Wenn Sie ein Quarantänebecken nutzen, sollten Sie die Wasserparameter im Beutel ermitteln und versuchen, ähnliche Werte auch darin zu erzeugen. Dann sollten Sie täglich kleinere Wassermengen gegen Wasser aus dem Hauptaquarium austauschen, bis sich die Wasserqualität angepasst hat.

Mikael Håkansson

Neue Fischarten und -varianten werden immer wieder eingeführt. Das Foto zeigt einen *Tanichthys* aus Danang, Vietnam, vielleicht eine neue Art.

Garnelen und Fische

Es ist möglich, Fische und Garnelen gemeinsam zu pflegen, denn ausgewachsen sind Garnelen in der Regel zu groß, um von den meisten in kleinen Aquarien gepflegten Fischen gefressen zu werden. Aber natürlich können junge Garnelen für viele Fische eine willkommene Bereicherung ihres Futterangebotes darstellen. Buntbarsche ebenso wie Kugelfische sind normalerweise nicht für eine Vergesellschaftung mit Garnelen geeignet. Viele Harnischwelse sind beispielsweise als Gesellschaft für Garnelen sehr gut geeignet, nur werden mit Ausnahme der Arten aus der *Otocinclus*-Verwandtschaft die meisten von ihnen zu groß. Jedoch gibt es noch eine Reihe anderer Fischarten, die für Garnelen keine Gefahr darstellen, wie z.B. *Microrasbora*-Arten sowie kleinere Killifische und Zwergpanzerwelse. Wenn Sie Fische und Garnelen in einem Aquarium pflegen wollen, sollten Sie für die Jungtiere durch das Einbringen zahlreicher Holzstücke, Steine und Pflanzen viele Versteckmöglichkeiten schaffen.

Fische gemeinsam mit Krebsen, Krabben und Schnecken

Die Vergesellschaftung von Fischen mit Krebsen kann problematisch sein, da Krebse kleinere Fische fressen können. Da sich jedoch ohnehin nur ausgesprochene Zwerge unter den Krebsen für eine Pflege in Nanos eignen, besteht für eventuell mit ihnen vergesellschaftete Fische keine Gefahr.

Fische und Krabben sind eine sehr ungewöhnliche Kombination, da es auch nur wenige Krabben gibt, die sich für eine Pflege in Nano-Aquarien eignen.

Die gemeinsame Pflege von Fischen und Schnecken ist in der Regel unproblematisch, obwohl es natürlich Fische gibt, die sich von Schnecken ernähren, wie beispielsweise Kugelfische und einige Schmerlen.

Artbeschreibungen

Jede Fischart wird nachfolgend mit den folgenden Daten vorgestellt:

Boraras brigittae

3/25 mm/20L/24-28 °C/pH 6-7,5

wobei:

3/ = Schwierigkeitsgrad auf einer Skala von 1-5; 1 = sehr einfach und 5 = sehr schwierig.

/25 mm/ = maximale Totallänge (inklusive Flossen)

/20L/ = minimale Aquariengröße in Litern.

/24-28 °C/ = geeignete Temperatur in °Celsius.

/pH 6-7,5 = geeigneter pH-Wert

Mike Norén

Schnecken (hier *Melanoides tuberculata*) und Fische (hier *Oryzias javanicus*) sind häufig eine gute Kombination.

Takashi Amano

1

Ein dicht bepflanztes 10-Liter-Aquarium und ein Schwarm von Bärblingen (hier *Trigonostigma espei*) sind häufig eine gute und hübsche Kombination.

Karpfenfische (Barben und Bärblinge) und Schmerlen

Die Vertreter dieser sehr großen Gruppe (mehr als 3.000 Arten) sind sehr variabel in Größe, Körperform, Verhalten u.s.w. Die meisten von ihnen sind Allesfresser und Streulaicher.
Einige Arten dieser Fischgruppe (besonders in den Gattungen *Danionella*, *Boraras* und *Microrasbora/Microdevario*) sind sehr klein und deshalb hervorragend für Nano-Aquarien geeignet. Sie sollten in einem kleinen Schwarm gepflegt werden.

Barbus hulstaerti

4/35mm/25L/20-25°C/pH 5-7

Familie: Cyprinidae
Handelsname: Schmetterlingsbarbe
Verbreitung: Afrika: Kongo-Becken.
Bemerkungen: Allesfresser - kleines Frost- und Lebendfutter kombiniert mit Flocken und Granulat. Friedlich. Schwarmfisch - mind. 6. Bepflanztes Aquarium. Streulaicher.

Ingo Seidel

2

Barbus hulstaerti

Ingo Seidel

Barbus jae

4/40mm/35L/21-25^{0}C/pH 5,5-6,5

Familie: Cyprinidae
Handelsname: Rote Zwergbarbe
Verbreitung: Afrika: Kongo-Becken.
Bemerkungen: Allesfresser - kleines Frost- und Lebendfutter kombiniert mit Flocken und Granulat. Friedlicher und aktiver Fisch. Schwarmfisch - mind. 6. Bepflanztes Aquarium. Streulaicher.

Sonja Cygnel

Sonja Cygnel

Boraras brigittae

2/25mm/25L/24-28^{0}C/pH 6-7,5

Familie: Cyprinidae
Handelsname: Moskito-Zwergbärbling
Verbreitung: Asien: Südliches Borneo
Bemerkungen: Fleischfresser - kleines Frost- und Lebendfutter kombiniert mit Flocken und Granulat. Friedlicher und aktiver Fisch. Schwarmfisch - mind. 8. Dicht bepflanztes Aquarium. Streulaicher. Siehe Information zu *B. merah*.

1/ *Barbus jae*
2/ *Boraras brigittae*
3/ *Boraras maculatus*

Boraras maculatus

2/25mm/20L/23-26^{0}C/pH 5-7

Familie: Cyprinidae
Handelsname: Zwergbärbling
Verbreitung: Asien: Von der Malayischen Halbinsel bis Sumatra, Indonesien.
Bemerkungen: Siehe Beschreibung von *B. brigittae*.

Sonja Cygnel

Boraras merah

2/25mm/25L/23-27°C/pH 6-7,5

Familie: Cyprinidae
Handelsname: Goldfleck-Zwergbärbling, Borneo-Zwergbärbling
Verbreitung: Asien: Borneo
Bemerkungen: Siehe Beschreibung von *Boraras brigittae*. Einige Wissenschaftler sind der Ansicht, dass die *Boraras merah* (Weibchen) und *B. brigittae* (Männchen), die im Handel angeboten werden, einer Art angehören und dass der echte *B. brigittae* ein anderer, sehr seltener Fisch sei.

Sonja Cygnel

Boraras micros

3/23mm/20L/22-25°C/pH 6-7

Familie: Cyprinidae
Handelsname: Rubin-Zwergbärbling, Erdbeer-Zwergbärbling
Verbreitung: Asien: Mekong-Becken
Bemerkungen: Siehe Beschreibung von *B. brigittae*

Lennart Brimstedt

Boraras urophthalmoides

2/30mm/20L/23-27°C/pH 6-7,5

Familie: Cyprinidae
Handelsname: Längsband-Zwergbärbling
Verbreitung: Kambodscha, Indonesien, Laos, Malaysia und Thailand.
Bemerkungen: Siehe Beschreibung von *B. brigittae*

1/ *Boraras merah*
2/ *Boraras micros*
3/ *Boraras urophthalmoides*

Ingo Seidel

Danio choprae
3/35mm/30L/21-27°C/pH 6,5-7,5

Familie: Cyprinidae
Handelsname: Glühlicht-Bärbling, Rubinbärbling
Verbreitung: Asien: Irrawaddy River, Myanmar
Bemerkungen: Allesfresser - kleines Frost- und Lebendfutter kombiniert mit Flocken und Granulat. Friedlicher Schwarmfisch - mind. 6. Bepflanztes Aquarium mit freien Flächen. Min. Beckenlänge 30 cm. Streulaicher.

Mikael Håkansson

Kjell Fohrman

1/ *Danio choprae*
2/ *Danio erythromicron*
3/ *Danio kerri*
4/ *Danio kyathit*
5-6/ *Danio margaritatus*

Danio erythromicron
3/23mm/20L/21-25°C/pH 6,5-7,5

Familie: Cyprinidae
Handelsname: Querstreifen-Zwergbärbling
Verbreitung: Asien: Myanmar
Bemerkungen: Siehe Beschreibung von *Danio choprae*, aber kein Schwarmfisch und keine Mindestlänge für das Aquarium.

Danio kerri
2/45mm/40L/23-26°C/pH 6,5-7,5

Familie: Cyprinidae
Handelsname: Blauer Danio, Inselbärbling
Verbreitung: Asien: Malayische Halbinsel
Bemerkungen: Siehe Beschreibung von *D. choprae*. Mindestlänge des Aquariums 40 cm.

Peter Nyman

4

Danio kyathit

2/45mm/35L/21-27°C/pH 6,5-7,5

Familie: Cyprinidae
Handelsname: Orangeflossen-Zebrabärbling
Verbreitung: Asien: Myanmar.
Bemerkungen: Siehe Beschreibung von *D. choprae*. Mindestlänge des Aquariums 40 cm.

Danio margaritatus

2/25mm/20L/24-28°C/pH 6-7,5

Familie: Cyprinidae
Handelsname: Galaxy-Bärbling, Perlhuhn-Zwergbärbling
Verbreitung: Asien: Myanmar
Bemerkungen: Allesfresser - kleines Frost- und Lebendfutter kombiniert mit Flocken und Granulat. Friedlich. Bepflanztes Aquarium mit freien Flächen. Streulaicher.

Sonja Cygnel

5

Sonja Cygnel

6

Mikael Håkansson

Ingo Seidel

Ingo Seidel

1/ Danio nigrofasciatus
2/ Danio rerio
3/ Danio rerio var. *frankei*
4/ Danio roseus
5/ Danio tinwini
6/ Weibchen von *Danionella dracula*
7/ Männchen von *Danionella dracula*
8/ Laubuca dadiburjori

Danio nigrofasciatus
1/40mm/35L/24-28°C/pH 6,5-7,5

Familie: Cyprinidae
Handelsname: Tüpfelbärbling
Verbreitung: Asien: nörliches Myanmar
Bemerkungen: Siehe Beschreibung von *Danio margaritatus*. Mindestlänge des Aquariums 40 cm.

Danio rerio
1/45mm/40L/18-27°C/pH 6-8

Familie: Cyprinidae
Handelsname: Zebrabärbling
Verbreitung: Asien: Pakistan, Indien, Bangladesh, Nepal und Myanmar
Bemerkungen: Siehe Beschreibung von *Danio margaritatus*. Mindestlänge des Aquariums 45 cm. *D. rerio* ist in der Aquaristik sehr verbreitet und es existieren verschiedene Zuchtformen.

Danio rerio var. *frankei*
1/45mm/40L/18-27°C/pH 6-8

Familie: Cyprinidae
Handelsname: Leopardbärbling
Verbreitung: Asien: Pakistan, Indien, Bangladesh, Nepal und Myanmar
Bemerkungen: Siehe Beschreibung von *Danio margaritatus*. Häufig als *Danio frankei* im Handel, aber eine Zuchtform von *D. rerio*.

Danio roseus
2/45mm/35L/18-24°C/pH 6,5-7,5

Familie: Cyprinidae
Handelsname: Rosen-Glanzbärbling
Verbreitung: Asien: Thailand, Laos und Myanmar
Bemerkungen: Siehe Beschreibung von *Danio margaritatus*. Mindestlänge des Aquariums 45 cm.

4
Kjell Fohrman

Danio tinwini
2/30mm/35L/22-28°C/pH 6-7,5

Familie: Cyprinidae
Handelsname: Punktierter Zwerdanio, TW02
Verbreitung: Asien: Myanmar
Bemerkungen: Siehe Beschreibung von *D. margaritatus*. Mindestlänge des Aquariums 30 cm. Auch als *D.* sp. 'Burma' im Handel.

5
Ingo Seidel

Danionella dracula
3/17mm/20L/18-24°C/pH 4-6,5

Familie: Cyprinidae
Handelsname: Dracula-Zwergbärbling
Verbreitung: Asien. Myanmar
Bemerkungen: Allesfresser - kleines Frost- und Lebendfutter kombiniert mit Flocken und Granulat. Recht friedlich. Schwarmfisch -mind. 6. Bepflanztes Aquarium mit freien Flächen. Streulaicher. Mindestlänge des Aquariums 30 cm.

6
Mike Norén

7
Mike Norén

Laubuca dadiburjori
3/30mm/35L/22-28°C/pH 6-7,5

Familie: Cyprinidae
Handelsname: Dadiburjors Kielbauchbärbling
Verbreitung: Asien: Indien
Bemerkungen: Allesfresser - kleines Frost- und Lebendfutter kombiniert mit Flocken und Granulat. Schwarmfisch - mind. 8. Bepflanztes Aquarium. Streulaicher.

8
Ingo Seidel

Ingo Seidel

Ingo Seidler

Ingo Seidel

Mark Smith

1/ *Microdevario gatesi*
2/ *Microdevario kubotai*
3/ *Microrasbora* sp. „Neon Burma“
4/ *Pangio kuhli*

Microdevario gatesi

3/28mm/20L/23-27°C/pH 6-7

Familie: Cyprinidae
Handelsname: Grüne Zwergrasbora
Verbreitung: Asien: Myanmar
Bemerkungen: Allesfresser - kleines Frost- und Lebendfutter kombiniert mit Flocken und Granulat. Friedlicher Schwarmfisch - mind. 8. Dicht bepflanztes Aquarium. Streulaicher.

Microdevario kubotai

3/22mm/20L/24-27°C/pH 6-7

Familie: Cyprinidae
Handelsname: Leucht-Neonbärbling, Grüner Zwergbärbling,
Verbreitung: Asien: Thailand
Bemerkungen: Siehe Beschreibung von *Microdevario gatesi*.

Microrasbora sp. „Neon Myanmar“

3/27mm/25L/21-25°C/pH 6,5-7,5

Familie: Cyprinidae
Handelsname: Neon-Zwergbärbling
Verbreitung: Asien: Myanmar.
Bemerkungen: Siehe Beschreibung von *Microdevario gatesi*

Pangio kuhli

2/110mm/40L/24-29°C/pH 5,5-7,5

Familie: Cobitidae
Handelsname: Geflecktes Dornauge
Verbreitung: Asien: Indonesien, Malaysia und Thailand
Bemerkungen: Allesfresser. Ein friedlicher Bodenbewohner, der vor allem nächtlich aktiv ist. Versteckplätze im Aquarium und feinkörniger Sandbodengrund (gräbt sich ein).

Puntius gelius
2/45mm/40L/18-24°C/pH 6-7,5

Familie: Cyprinidae
Handelsname: Fleckenbarbe
Verbreitung: Asien: Pakistan, Indien und Bangladesh.
Bemerkungen: Allesfresser - kleines Frost- und Lebendfutter kombiniert mit Flocken und Granulat. Ziemlich friedlich. Schwarmfisch - mind. 8. Bepflanztes Aquarium mit freien Flächen. Streulaicher.

Rasbora dorsiocellata
2/50mm/40L/21-27°C/pH 6-7

Familie: Cyprinidae
Handelsname: Augenfleckbärbling
Verbreitung: Asien: Malayische Halbinsel und Indonesien
Bemerkungen: Allesfresser - kleines Frost- und Lebendfutter kombiniert mit Flocken und Granulat. Friedlich. Schwarmfisch - mind. 6. Bepflanztes Aquarium. Streulaicher.

Rasbora gracilis
2/55mm/40L/22-26°C/pH 6,5-7,5

Familie: Cyprinidae
Handelsname: Goldstreifenbärbling
Verbreitung: Asien: Indonesien und Malaysia
Bemerkungen: Siehe Beschreibung von *Rasbora dorsiocellata*.

Rasbora sp. „Myanmar“
3/35mm/30L/21-25°C/pH 6,5-7,5

Familie: Cyprinidae
Handelsname: Leuchtstreifen-Bärbling
Verbreitung: Asien: Myanmar.
Bemerkungen: Siehe Beschreibung von *Rasbora dorsiocellata*

Ingo Seidel

Ingo Seidel

Ingo Seidel

Ingo Seidel

1/ *Puntius gelius*
2/ *Rasbora dorsiocellata*
3/ *Rasbora gracilis*
4/ *Rasbora* sp. „Burma“

Kjell Fohrman

Mikael Håkansson

Ingo Seidel

Ingo Seidel

Ingo Seidel

1/ *Rasbora vaterifloris*
2/ *Rasbora vulcanus*
3/ *Schistura pridii*
4/ *Sundadanio axelrodi*, Blau
5/ *Sundadanio axelrodi*, Rot

Rasbora vaterifloris
3/45mm/35L/24-28°C/pH 5-7

Familie: Cyprinidae
Handelsname: Perlmutt-Bärbling
Verbreitung: Asien: Sri Lanka
Bemerkungen: Siehe Beschreibung von *Rasbora dorsiocellata.*

Rasbora vulcanus
3/55mm/40L/23-27°C/pH 6-7

Familie: Cyprinidae
Handelsname: Netzbärbling, Vulkan-Rasbora
Verbreitung: Asien: Indonesien.
Bemerkungen: Siehe Beschreibung von *Rasbora dorsiocellata*

Schistura pridii
4/45mm/30L/18-24°C/pH 7-8

Familie: Balitoridae
Handelsname: Drachen-Zwergschmerle
Verbreitung: Asien: Thailand
Bemerkungen: Allesfresser - kleines Frost- und Lebendfutter kombiniert mit Granulat. Benötigt schnell fließendes Wasser in einem langen Aquarium (mind. 40 cm).

Sundadanio axelrodi, Blau und Rot
4/25mm/20L/23-26°C/pH 5-6,5

Familie: Cyprinidae
Handelsname: Blauer bzw. Roter Axelrods-Zwergbärbling
Verbreitung: Asien: Borneo, Bangka und Sumatra.
Bemerkungen: Allesfresser - kleines Frost- und Lebendfutter kombiniert mit Flocken und Granulat. Ziemlich scheuer, friedlicher Schwarmfisch (mind. 6). Bepflanztes Aquarium. Verschiedene Farbformen. Die blaue und rote Form scheinen in der Tat zwei verschiedene Arten zu sein, aber es ist noch unklar, welches davon der echte *S. axelrodi* ist.

Tanichthys albonubes
1/40mm/30L/15-24°C/pH 6-8

Familie: Cyprinidae
Handelsname: Kardinalfisch, Goldener Kardinalfisch
Verbreitung: Asien: China und Vietnam.
Bemerkungen: Allesfresser - kleines Frost- und Lebendfutter kombiniert mit Flocken und Granulat. Friedlicher und aktiver Fisch Schwarmfisch (mind. 6). Bepflanztes Aquarium mit sehr sauerstoffreichem Wasser. Eierlegend.

Mark Smith

Kjell Fohrman

Tanichthys micagemmae
3/30mm/30L/18-24°C/pH 6,5-7,5

Familie: Cyprinidae
Handelsname: Vietnamesischer Kardinal, Regenbogen-Kardinal
Verbreitung: Asien: Vietnam
Bemerkungen: Siehe Beschreibung von *Tanichthys albonubes*.

Sonja Cygnel

Sonja Cygnel

1/ *Tanichthys albonubes*
2/ *Tanichthys albonubes*, goldene Zuchtform
3-4/ *Tanichthys micagemmae*

Ingo Seidel

Trigonostigma espei
3/30mm/30L/23-28°C/pH 6-7,5

Familie: Cyprinidae
Handelsname: Espes Keilfleckbärbling
Verbreitung: Asien: Thailand und Vietnam.
Bemerkungen: Allesfresser - kleines Frost- und Lebendfutter kombiniert mit Flocken und Granulat. Friedlicher Schwarmfisch (mind. 6). Bepflanztes Aquarium mit sehr sauerstoffreichem Wasser. Eierlegend.

Mikael Håkansson

Ingo Seidel

Yunnanilus cruciatus
2/40mm/25L/24-28°C/pH 6-7,5

Familie: Balitoridae
Handelsname: Zebra-Zwergschmerle
Verbreitung: Asien: Vietnam
Bemerkungen: Allesfresser - kleines Frost- und Lebendfutter kombiniert mit Flocken und Granulat. Friedlich. Bepflanztes Aquarium.

1/ *Trigonostigma espei*
2/ *Yunnanilus cruciatus*
3/ *Yunnanilus* sp. „rosy“
4/ *Heterandria formosa*

Yunnanilus sp. „Rosy“
2/45mm/40L/21-25°C/pH 6-7,5

Familie: Balitoridae
Handelsname: Rosa-Zwergschmerle
Verbreitung: Asien: Myanmar.
Bemerkungen: Siehe Beschreibung von *Yunnanilus cruciatus*.

Kjell Fohrman

40-Liter-Wandaquarium mit *Poecilia reticulata* und einer Back to Nature Slimline Rückwand.

Lebendgebärende Zahnkarpfen

Zu dieser Gruppe zählen einige der beliebtesten Aquarienfische, wie beispielsweise Guppys, Platys und Schwertträger. Das ungewöhnliche an diesen Fischen ist ihre Fortpflanzungsbiologie. Sie legen keine Eier sondern gebären bereits fertig entwickelte Jungfische, die sofort schwimmen und fressen können. Die Angehörigen dieser Gruppe sind zumeist recht friedlich und wenig anspruchsvoll und da einige Arten recht klein bleiben, eignen sie sich auch für Nano-Aquarien. Ein Aquarium für diese Fische sollte dicht mit Pflanzen bewachsen sein.

Heterandria formosa

1/40mm/20L/18-26°C/pH 6,5-8

Familie: Poeciliidae
Handelsname: Zwergkärpfling
Verbreitung: USA
Bemerkungen: Allesfresser - kleines Frost- und Lebendfutter kombiniert mit Flocken und Granulat. Friedlicher und aktiver Zwergfisch. Dicht bepflanztes Aquarium. Toleriert auch Brackwasser. Weibchen größer als Männchen.

Michael Winter

Elke Weiand

Limia caymanensis
2/35mm/20L/20-26°C/pH 6,5-8

Familie: Poeciliidae
Handelsname: Grand-Cayman-Limia
Verbreitung: Mittelamerika: Cayman-Inseln
Bemerkungen: Siehe Beschreibung von *Heterandria formosa.*

Elke Weiand

Kjell Fohrman

1/ *Limia caymanensis*
2/ *Limia heterandria*
3/ *Limia melanogaster*

Limia heterandria
2/40mm/30L/23-27°C/pH 6,5-7,5

Familie: Poeciliidae
Handelsname: Venezuela-Molly
Verbreitung: Südamerika: Venezuela.
Bemerkungen: Allesfresser - kleines Frost- und Lebendfutter kombiniert mit Grünfutter. Friedlich. Bepflanztes Aquarium. Weibchen größer als Männchen.

Limia melanogaster
3/60mm/40L/22-27°C/pH 6,5-8

Familie: Poeciliidae
Handelsname: Jamaika-Kärpfling
Verbreitung: Mittelamerika: Jamaika und Haiti.
Bemerkungen: Allesfresser - kleines Frost- und Lebendfutter kombiniert mit Flocken und Granulat. Friedlicher und aktiver Fisch. Dicht bepflanztes Aquarium mit sehr sauerstoffreichem Wasser. Weibchen größer als Männchen.

Micropoecilia bifurca
4/35mm/35L/25-28°C/pH 5,5-7

Familie: Poeciliidae
Handelsname: Kleiner Amazonas-Kärpfling
Verbreitung: Südamerika: Amazonas-Becken.
Bemerkungen: Allesfresser - vor allem kleines Frost- und Lebendfutter kombiniert mit Grünfutter. Friedlicher und ziemlich aktiver Fisch. Dicht bepflanztes Aquarium mit sehr sauerstoffreichem Wasser. Weibchen größer als Männchen.

Micropoecilia branneri
4/35mm/35L/26-28°C/pH 6-7

Familie: Poeciliidae
Handelsname: Pfauenaugen-Zwergkärpfling
Verbreitung: Südamerika: Amazonas-Becken in Brasilien.
Bemerkungen: Siehe Beschreibung von *Micropoecilia bifurca.*

Micropoecilia minima
3/30mm/25L/23-29°C/pH 6-7

Familie: Poeciliidae
Handelsname: Mini-Zwergkärpfling
Verbreitung: Südamerika: Rio Guamá in Brasilien
Bemerkungen: Siehe Beschreibung von *Micropoecilia bifurca.*

Håvard Støre Andresen

Elke Weiand

1/ *Micropoecilia bifurca*
2/ *Micropoecilia branneri*
3/ *Micropoecilia minima*

Håvard Støre Andresen

Håvard Støre Andresen

1

Ronny Lundkvist

2

Håvard Støre Andresen

3

Håvard Støre Andresen

4

Micropoecilia picta

3/50mm/30L/23-28°C/pH 6,5-8

Familie: Poeciliidae
Handelsname: Guayana-Kärpfling, Pfauenaugen-Kärpfling
Verbreitung: Mittel- und Südamerika: Trinidad bis zum Amazonas-Delta
Bemerkungen: Allesfresser - kleines Frost- und Lebendfutter kombiniert mit Flocken und Granulat. Friedlicher und aktiver Fisch. Dicht bepflanztes Aquarium. Toleriert auch Brackwasser. Weibchen größer als Männchen. Es existieren verschiedene Farbformen.

Neoheterandria elegans

3/25mm/20L/24-28°C/pH 6-7,5

Familie: Poeciliidae
Handelsname: Teddy-Kärpfling, Zwerg-Schmuckkärpfling
Verbreitung: Südamerika: Río Truando in Kolumbien.
Bemerkungen: Allesfresser - vor allem kleines Frost- und Lebendfutter kombiniert mit Grünfutter. Friedlich und etwas scheu. Dicht bepflanztes Aquarium. Weibchen größer als Männchen.

1-3/ Verschiedene Farbvarianten von *Micropoecilia picta.* Beachten Sie (Foto 2), dass das Weibchen deutlich größer als das Männchen ist.
4/ Neoheterandria elegans

Phallichthys quadripunctatus
3/40mm/30L/20-35°C/pH 7,5-8,5

Familie: Poeciliidae
Handelsname: Vierpunkt-Kärpfling, Vielfleckkärpfling
Verbreitung: Mittelamerika: Río Sixaola, Costa Rica
Bemerkungen: Allesfresser - kleines Frost- und Lebendfutter kombiniert mit Grünfutter. Friedlich. Dicht bepflanztes Aquarium. Weibchen größer als Männchen.

Phallichthys tico
2/40mm/30L/23-30°C/pH 7-7,5

Familie: Poeciliidae
Verbreitung: Mittelamerika: Río San Juan, Costa Rica.
Bemerkungen: Siehe Beschreibung von *Phallichthys quadripunctatus*

Phalloceros harpago
1/55mm/35L/20-24°C/pH 6,5-7,5

Familie: Poeciliidae
Handelsname: Gelbflossen-Kaudi
Verbreitung: Südamerika: Brasilien und Paraguay.
Bemerkungen: Allesfresser - kleines Frost- und Lebendfutter kombiniert mit Flocken und Granulat. Friedlicher und aktiver Fisch. Dicht bepflanztes Aquarium. Toleriert auch Brackwasser. Weibchen größer als Männchen.

Poecilia caucana
2/60mm/40L/25-30°C/pH 6,5-7,5

Familie: Poeciliidae
Handelsname: Cauca-Molly
Verbreitung: Mittel- und Südamerika: Kolumbien, Panama und Venezuela.
Bemerkungen: Allesfresser - Jedwede Nahrung, wie Grün- und Frostfutter. Friedlicher und aktiver Fisch. Bepflanztes Aquarium. Toleriert auch Brackwasser. Weibchen größer als Männchen.

Elke Weiand

Elke Weiand

Ronny Lundkvist

Mike Norén

1/ *Phallichthys quadripunctatus*
2/ *Phallichthys tico*
3/ *Phalloceros harpago*
4/ *Poecilia caucana*

Poecilia reticulata

1/60mm/30L/20-28°C/pH 6-8

Familie: Poeciliidae
Handelsname: Guppy, Millionenfisch
Verbreitung: Ursprünglich Südamerika (nördliche Gebiete), aber mittlerweile weltweit verbreitet.
Bemerkungen: Allesfresser - jedwede Nahrung, wie Grün- und Frostfutter. Friedlicher und aktiver Fisch. Bepflanztes Aquarium. Toleriert auch Brackwasser. Weibchen größer als Männchen. Wildformen deutlich kleiner als die Hochzuchtguppies.

Kjell Fohrman

Verschiedene Farb- und Flossenformen der Männchen von *Poecilia reticulata*.

Poecilia wingei

1/40mm/25L/23-28°C/pH 7-8

Familie: Poeciliidae
Handelsname: Endlers-Guppy, Campoma-Guppy
Verbreitung: Südamerika: Campoma- und Buena-Vista-Seen in Venezuela.
Bemerkungen: Allesfresser. Friedlicher und aktiver kleiner "Guppy". Bepflanztes Aquarium. Weibchen größer als Männchen. Endlers sind der Wildform des Guppies sehr ähnlich und können sich deshalb mit dieser kreuzen. Einige Ichthyologen sind sogar der Ansicht, dass es sich um ein und dieselbe Art handelt.

Kjell Fohrman

Kjell Fohrman

Kjell Fohrman

Kjell Fohrman

1-4/ Verschiedene Farb- und Flossenformen von *Poecilia wingei*. Beachten Sie (Foto 3), dass das Weibchen deutlich größer als das Männchen ist.

Elke Weiand

Mark Smith

Kjell Fohrman

Mark Smith

Mark Smith

Xenophallus umbratilis
3/50mm/40L/21-28°C/pH 6,5-7,5

Familie: Poeciliidae
Handelsname: Schattenkärpfling
Verbreitung: Mittelamerika: Costa Rica und Nikaragua.
Bemerkungen: Allesfresser - vor allem kleines Frost- und Lebendfutter kombiniert mit Grünfutter. Friedlich und etwas scheu. Dicht bepflanztes Aquarium. Weibchen größer als Männchen.

Xiphophorus maculatus
1/60mm/40L/18-25°C/pH 7-8

Familie: Poeciliidae
Handelsname: Platy
Verbreitung: Süd- und Mittelamerika: Mexiko, Belize, Guatemala, Honduras, außerdem in weitere Länder eingeführt.
Bemerkungen: Allesfresser. Friedlicher und aktiver Fisch. Bepflanztes Aquarium. Weibchen größer als Männchen. Viele Farbformen existieren - Sowohl Wildformen als auch Hochzuchtformen. Naturformen und der sogenannte Korallenplaty sind etwas kleiner.

1/ *Xenophallus umbratilis*
2-5/ Verschiedene Farbformen von *Xiphophorus maculatus*

Killifische (das Foto zeigt *Aphyosemion australe)* sind sehr hübsch gefärbt und die Männchen können untereinander recht aggressiv sein. Wenn Sie mehrere Männchen gemeinsam pflegen möchten, benötigen Sie folglich ein größeres Aquarium.

Killifische

Killifische können in zwei Gruppen eingeordnet werden. Die Vertreter der ersten Gruppe sind annuelle Fische, die nur eine geringe Lebensdauer (häufig nur einige Monate) besitzen. Sie leben in kleinen Gewässern, die während der Trockenzeit zumeist völlig austrocknen. Bevor diese Fische dadurch verenden, legen sie noch Eier im Boden ab. Wenn sich zu Beginn der Regenzeit die Gewässer wieder auffüllen, schlüpft aus den Eiern die nächste Generation von Fischen. Die Arten der zweiten Gruppe von Killifischen, die sogar noch etwas artenreicher ist, leben mehrere Jahre lang und laichen gewöhnlich in Pflanzen ab.

Männliche Killifische sind häufig untereinander recht aggressiv. Diese Fische sollten deshalb in kleineren Aquarien (minimal 15-20 Liter) am besten nur paarweise oder als Trio (ein Männchen und zwei Weibchen) gepflegt werden. In größeren Nanos (minimal 30-40 Liter) ist auch eine Vergesellschaftung mit anderen Fischen möglich.

Ein Aquarium für Killifische sollte recht versteckreich eingerichtet sein - vorzugsweise mit vielen Pflanzen. Decken Sie das Aquarium gut ab, da es sich um ausgezeichnete Springer handelt.

1/ *Aphanius mento*
2/ *Aphyosemion australe*
3/ *Aphyosemion gabunense*
4/ *Aphyosemion striatum*
5-6/ *Aplocheilus lineatus.* Foto 6 zeigt die goldene Zuchtform.
7/ *Austrolebias alexandri*

Aphanius mento
3/50mm/40L/10-25°C/pH 6-7,5

Familie: Cyprinodontidae
Handelsname: Orientkärpfling
Verbreitung: Asien: Iran, Irak, Syrien, Jordanien, Israel, Libanon und Türkei
Bemerkungen: Fleischfresser - Frost- und Lebendfutter kombiniert mit Trockenfutter. Kein Saisonfisch. Einfach zu pflegen, aber sehr aggressiv. Nur im dicht bepflanzten Artaquarium mit schwacher Beleuchtung (Schwimmpflanzen) und Versteckmöglichkeiten zu pflegen. Benötigt Salz im Wasser (5-10 ml/10 Liter Wasser).

Aphyosemion australe
2/60mm/15L/20-25°C/pH 5,5-7,5

Familie: Nothobranchiidae
Handelsname: Kap Lopez, Bunter Prachtkärpfling
Verbreitung: Afrika: Angola, Gabun, Kamerun und Dem. Republik Kongo.
Bemerkungen: Fleischfresser - Frost- und Lebendfutter kombiniert mit Trockenfutter. Kein Saisonfisch. Nur im dicht bepflanzten Artaquarium mit schwacher Beleuchtung (Schwimmpflanzen) und Versteckmöglichkeiten zu pflegen. Für die Pflege mehrerer Paare oder Vergesellschaftung mit anderen Fischen sollte das Beckenvolumen mind. 40 Liter betragen. Es existieren die Zuchtformen Gold und Schokolade.

Aphyosemion gabunense
2/50mm/15L/22-26°C/pH 6,5-7,5

Familie: Nothobranchiidae
Handelsname: Gabun-Prachtkärpfling
Verbreitung: Afrika: Gabun
Bemerkungen: Fleischfresser - Frost- und Lebendfutter kombiniert mit Trockenfutter. Kein Saisonfisch. Nur im dicht bepflanzten Artaquarium mit schwacher Beleuchtung (Schwimmpflanzen) und Versteckmöglichkeiten zu pflegen. Für die Pflege mehrerer Paare oder Vergesellschaftung mit anderen Fischen min. Beckengröße 40 Liter.

Aphyosemion striatum
2/50mm/15L/21-25°C/pH 6-7,5

Familie: Nothobranchiidae
Handelsname: Gestreifter Prachtkärpfling
Verbreitung: Afrika: Gabun, Äquatorial-Guinea
Bemerkungen: Siehe Beschreibung von *Aphyosemion gabunense.*

4
Kjell Fohrman

Aplocheilus lineatus
2/90mm/25L/22-26°C/pH 6-7,5

Familie: Aplocheilidae
Handelsname: Streifenhechtling
Verbreitung: Asien: Indien, Sri Lanka
Bemerkungen: Fleischfresser - Frost- und Lebendfutter kombiniert mit Trockenfutter. Kein Saisonfisch. Nur im dicht bepflanzten Artaquarium mit schwacher Beleuchtung (Schwimmpflanzen) und Versteckmöglichkeiten zu pflegen. Für die Pflege mehrerer Paare oder Vergesellschaftung mit anderen Fischen sollte das Beckenvolumen mind. 80 Liter betragen. Es gibt Farbformen dieser Art. Toleriert Brackwasser.

5
Kjell Fohrman

6
Kjell Fohrman

Austrolebias alexandri
3/50mm/20L/17-25°C/pH 6-7,5

Familie: Rivulidae
Handelsname: Entre-Rios-Fächerfisch, Alexanders Fächerfisch
Verbreitung: Südamerika: Río Uruguay in Argentinien, Brasilien und Uruguay.
Bemerkungen: Fleischfresser - Frost- und Lebendfutter kombiniert mit Trockenfutter. Saisonfisch. Nur im dicht bepflanzten Artaquarium mit schwacher Beleuchtung (Schwimmpflanzen) und Versteckmöglichkeiten zu pflegen. Für die Pflege mehrerer Paare oder Vergesellschaftung mit anderen Fischen sollte das Beckenvolumen mind. 40 Liter betragen.

7
Kjell Fohrman

1

Chromaphyosemion bitaeniatum

2/50mm/15L/21-26°C/pH 5,5-7,5

Familie: Nothobranchiidae
Handelsname: Vielfarbiger Prachtkärpfling
Verbreitung: Afrika: Togo, Benin, und Nigeria.
Bemerkungen: Fleischfresser - Frost- und Lebendfutter kombiniert mit Trockenfutter. Kein Saisonfisch. Nur im dicht bepflanzten Artaquarium mit schwacher Beleuchtung (Schwimmpflanzen) und Versteckmöglichkeiten zu pflegen. Für die Pflege mehrerer Paare oder Vergesellschaftung mit anderen Fischen sollte das Beckenvolumen mind. 40 Liter betragen.

Chromaphyosemion bivittatum

3/50mm/20L/22-27°C/pH 6-7

Familie: Nothobranchiidae
Handelsname: Gebänderter Prachtkärpfling
Verbreitung: Afrika: Nigeria und Kamerun.
Bemerkungen: Siehe Beschreibung von *Chromaphyosemion bitaeniatum.*

1/ *Chromaphyosemion bitaeniatum*
2/ *Chromaphyosemion bivittatum*

2

Chromaphyosemion splendopleure
3/55mm/15L/22-26°C/pH 6,5-7,5

Familie: Nothobranchiidae
Handelsname: Glanzflossen-Prachtkärpfling
Verbreitung: Afrika: Nigeria, Gabun, Kamerun, und Äquatorial-Guinea.
Bemerkungen: Siehe Beschreibung von *Chromaphyosemion bitaeniatum.*

Chromaphyosemion volcanum
3/45mm/15L/23-26°C/pH 5,5-7

Familie: Nothobranchiidae
Handelsname: Vulkan-Prachtkärpfling
Verbreitung: Afrika: Kaké-River-Becken, Kamerun.
Bemerkungen: Siehe Beschreibung von *Chromaphyosemion bitaeniatum.*

Epiplatys dageti
2/60mm/20L/20-26°C/pH 6-7,5

Familie: Nothobranchiidae
Handelsname: Querbandhechtling
Verbreitung: Afrika: Ghana, Liberia und Elfenbeinküste
Bemerkungen: Fleischfresser - Frost- und Lebendfutter kombiniert mit Trockenfutter. Kein Saisonfisch. Nur im dicht bepflanzten Artaquarium mit schwacher Beleuchtung (Schwimmpflanzen) und Versteckmöglichkeiten zu pflegen. Für die Pflege mehrerer Paare oder Vergesellschaftung mit anderen Fischen Beckenvolumen mind. 40 Liter.

Kjell Fohrman

Kjell Fohrman

1/ Chromaphyosemion splendopleure
2/ Chromaphyosemion volcanum
3/ Epiplatys dageti

Alf Persson

Alf Persson

Kjell Fohrman

Kjell Fohrman

Kjell Fohrman

1/ *Epiplatys singa*
2/ *Fundulopanchax amieti*
3/ *Fundulopanchax intermittens*
4/ *Fundulopanchax nigerianus*

Epiplatys singa
2/50mm/20L/23-26°C/pH 6-7

Familie: Nothobranchiidae
Handelsname: Punktierter Hechtling
Verbreitung: Afrika: Angola, Demokratische Republik Kongo und Gabun.
Bemerkungen: Siehe Beschreibung von *Epiplatys dageti*.

Fundulopanchax amieti
3/70mm/25L/20-28°C/pH 6,5-7,5

Familie: Nothobranchiidae
Handelsname: Amiets Prachtkärpfling
Verbreitung: Afrika: Unterer Sanaga-Einzug, westliches Kamerun
Bemerkungen: Fleischfresser - Frost- und Lebendfutter kombiniert mit Trockenfutter. Halb annueller Killi (die Eier überstehen kurze Trockenzeiten, aber normalerweise entwickeln sie sich him Wasser). Nur im dicht bepflanzten Artaquarium mit schwacher Beleuchtung (Schwimmpflanzen) und Versteckmöglichkeiten zu pflegen. Für die Pflege mehrerer Paare oder Vergesellschaftung mit anderen Fischen Beckenvolumen mind. 40 Liter.

Fundulopanchax intermittens
3/70mm/25L/22-25°C/pH 6-6,5

Familie: Nothobranchiidae
Handelsname: Halbgebänderter Wunderkärpfling
Verbreitung: Afrika: südwestliches Kamerun
Bemerkungen: Siehe Beschreibung von *Fundulopanchax amieti*.

Fundulopanchax nigerianus
3/80mm/25L/22-25°C/pH 6,5-7,5

Familie: Nothobranchiidae
Handelsname: Nigerianischer Prachtkärpfling
Verbreitung: Afrika: Nigeria und Kamerun.
Bemerkungen: Siehe Beschreibung von *Fundulopanchax amieti*.

Fundulopanchax puerzli
2/80mm/25L/21-25°C/pH 6-7,5

Familie: Nothobranchiidae
Handelsname: Pürzls Prachtkärpfling
Verbreitung: Afrika: westliches Kamerun.
Bemerkungen: Siehe Beschreibung von *Fundulopanchax amieti.*

Jordanella floridae
2/65mm/40L/18-22°C/pH 6,5-8

Familie: Cyprinodontidae
Handelsname: Florida-Kärpfling
Verbreitung: Nordamerika: Florida, USA, ausgesetzt in Australien.
Bemerkungen: Allesfresser - Frost- und Lebendfutter kombiniert mit Algen. Kein Saisonfisch. Nur im dicht bepflanzten Artaquarium mit schwacher Beleuchtung (Schwimmpflanzen) und Versteckmöglichkeiten zu pflegen. Toleriert Brackwasser.

Kryptolebias marmoratus
4/75mm/30L/18-25°C/pH 6,5-7,5

Familie: Rivulidae
Handelsname: Mangrove-Killifisch
Verbreitung: Nord-, Mittel- und Südamerika
Bemerkungen: Fleischfresser - Frost- und Lebendfutter kombiniert mit Trockenfutter. Kein Saisonfisch. Nur im dicht bepflanzten Artaquarium mit schwacher Beleuchtung (Schwimmpflanzen) und Versteckmöglichkeiten zu pflegen. Benötigt Brackwasser oder Süßwasser mit Salzzusatz (10-20 ml/10 Liter Wasser). Dieser einzigartige Hermaphrodit kann über Monate an feuchten Plätzen an Land überleben (auch in Bäumen!!).

Lacustricola pumilus
2/40mm/15L/24-26°C/pH 7-8

Familie: Poeciliidae
Handelsname: Tanganjika-Leuchtaugenfisch
Verbreitung: Afrika: nur im Tanganjikasee und Zuflüssen verbreitet
Bemerkungen: Fleischfresser - Frost- und

Kjell Fohrman

Mark Smith

Kjell Fohrman

Mark Smith

1/ *Fundulopanchax puerzli*
2/ *Jordanella floridae*
3/ *Kryptolebias marmoratus*
4/ *Lacustricola pumilus*

Kjell Fohrman

Kjell Fohrman

Kjell Fohrman

1/ *Nothobranchius foerschi*
2/ *Nothobranchius guentheri*
3/ *Nothobranchius kafuensis*

Lebendfutter kombiniert mit Trockenfutter. Kein Saisonfisch. Nur im dicht bepflanzten Artaquarium mit schwacher Beleuchtung (Schwimmpflanzen) und Versteckmöglichkeiten zu pflegen. Für die Pflege mehrerer Paare oder Vergesellschaftung mit anderen Fischen sollte das Beckenvolumen mind. 40 Liter betragen.

Nothobranchius foerschi

3/50mm/20L/20-25°C/pH 6-7,5

Familie: Nothobranchiidae
Handelsname: Foerschs Prachtgrundkärpfling
Verbreitung: Afrika: Kenia und Tansania
Bemerkungen: Fleischfresser - Frost- und Lebendfutter, vielleicht auch Trockenfutter. Saisonfisch (Lebensdauer im Aquarium mind. 9-12 Monate). Nur im dicht bepflanzten Artaquarium mit schwacher Beleuchtung (Schwimmpflanzen) und Versteckmöglichkeiten zu pflegen. Für die Pflege mehrerer Paare oder Vergesellschaftung mit anderen Fischen Beckenvolumen mind. 40 Liter. Salzzusatz des Wassers (5-10 ml/Liter Wasser) anzuraten.

Nothobranchius guentheri

3/55mm/20L/20-25°C/pH 6-7,5

Familie: Nothobranchiidae
Handelsname: Günthers Prachtgrundkärpfling
Verbreitung: Afrika: Sansibar, Tansania
Bemerkungen: Siehe Beschreibung von *Nothobranchius foerschi.*

Nothobranchius kafuensis

4/60mm/25L/20-25°C/pH 6-7,5

Familie: Nothobranchiidae
Handelsname: Kafu-Prachtgrundkärpfling
Verbreitung: Afrika: Sambia
Bemerkungen: Siehe Beschreibung von *Nothobranchius foerschi.*

Nothobranchius palmqvisti
3/50mm/20L/20-25^{0}C/pH 6,5-7,5

Familie: Nothobranchiidae
Handelsname: Palmqvists Prachtgrundkärpfling
Verbreitung: Afrika: Kenia und Tansania
Bemerkungen: Siehe Beschreibung von *Nothobranchius foerschi.*

Kjell Fohrman

Nothobranchius rachovii
4/60mm/30L/20-25^{0}C/pH 6-7

Familie: Nothobranchiidae
Handelsname: Rachovs Prachtgrundkärpfling
Verbreitung: Afrika: Mozambik und Südafrika
Bemerkungen: Siehe Beschreibung von *Nothobranchius foerschi.*

Kjell Fohrman

Oryzias javanicus
3/45mm/15L/23-28^{0}C/pH 6,5-8

Familie: Adrianichthyidae
Handelsname: Java-Reiskärpfling
Verbreitung: Asien: Indonesien, Singapur, Malaysia, Thailand und Vietnam.
Bemerkungen: Fleischfresser - Frost- und Lebendfutter und auch Trockenfutter. Kein Saisonfisch. Nur im dicht bepflanzten Artaquarium mit schwacher Beleuchtung (Schwimmpflanzen) und Versteckmöglichkeiten zu pflegen. Am besten im kleinen Schwarm zu halten.

Mike Norén

1/ *Nothobranchius palmqvisti*
2/ *Nothobranchius rachovii*
3/ *Oryzias javanicus*

Alf Persson

Oryzias melastigma

2/40mm/15L/23-26°C/pH 6,5-8

Familie: Adrianichthyidae
Handelsname: Schwarzfleckiger Reiskärpfling
Verbreitung: Asien: Indien, Sri Lanka und Bangladesch.
Bemerkungen: Siehe Beschreibung von *Oryzias javanicus*. Toleriert auch Brackwasser.

Mikael Håkansson

Oryzias profundicola

2/60mm/20L/22-25°C/pH 7,5-8,5

Familie: Adrianichthyidae
Handelsname: Gelbflossen-Reisfisch
Verbreitung: Asien: Indonesien
Bemerkungen: Siehe Beschreibung von *Oryzias javanicus*.

1/ *Oryzias melastigma*
2/ *Oryzias profundicola*
3/ *Plataplochilus ngaensis*

Plataplochilus ngaensis

4/50mm/40L/20-26°C/pH 6,5-7,5

Familie: Poeciliidae
Handelsname: Nga-Leuchtaugenfisch
Verbreitung: Afrika: Südliches Äquatorial-Guinea und nordwestliches Gabun.
Bemerkungen: Fleischfresser - Frost- und Lebendfutter, vielleicht auch Trockenfutter. Kein Saisonfisch. Pflege nur im dicht bepflanzten Artaquarium mit schwacher Beleuchtung (Schwimmpflanzen) und Versteckmöglichkeiten, am besten im kleinen Schwarm.

Mike Norén

Poropanchax normani
2/35mm/15L/22-26°C/pH 6,5-7,5

Familie: Poeciliidae
Handelsname: Normans Leuchtaugenfisch, Blauer Leuchtaugenfisch
Verbreitung: West- und Zentralafrika.
Bemerkungen: Fleischfresser - Frost- und Lebendfutter, vielleicht auch Trockenfutter. Kein Saisonfisch. Nur im dicht bepflanzten Artaquarium mit schwacher Beleuchtung (Schwimmpflanzen) und Versteckmöglichkeiten zu pflegen, am besten im kleinen Schwarm. Etwas scheu.

Mike Norén

Alf Persson

Procatopus aberrans
3/55mm/25L/23-26°C/pH 6,5-7,5

Familie: Poeciliidae
Handelsname: Blaugrüner Leuchtaugenfisch
Verbreitung: Afrika: Nigeria und Kamerun
Bemerkungen: Siehe Beschreibung von *Poropanchax normani*.

Kjell Fohrman

Procatopus similis
3/70mm/25L/23-26°C/pH 6,5-7,5

Familie: Poeciliidae
Handelsname: Gelber Leuchtaugenfisch
Verbreitung: Afrika: Nigeria und Kamerun.
Bemerkungen: Siehe Beschreibung von *Poropanchax normani*

1/ *Poropanchax normani*
2/ *Procatopus aberrans*
3/ *Procatopus similis*

Mark Smith

Guy Palm

Kjell Fohrman

1/ Pseudepiplatys annulatus
2/ Rivulus urophthalmus
3/ Scriptaphyosemion liberiense

Pseudepiplatys annulatus
3/40mm/10L/23-26°C/pH 6-7

Familie: Aplocheilidae
Handelsname: Ringelhechtling
Verbreitung: Afrika: Guinea, Liberia und Sierra Leone
Bemerkungen: Fleischfresser - Frost- und Lebendfutter, vielleicht auch Trockenfutter. Kein Saisonfisch. Nur im dicht bepflanzten Artaquarium mit schwacher Beleuchtung (Schwimmpflanzen) und Versteckmöglichkeiten zu pflegen. Etwas scheu. Für die Pflege mehrerer Paare oder Vergesellschaftung mit anderen Fischen sollte das Beckenvolumen mind. 30 Liter betragen.

Rivulus urophthalmus
3/65mm/25L/22-26°C/pH 6-7,5

Familie: Rivulidae
Handelsname: Goldener Rivulus
Verbreitung: Südamerika: Amazonas-Becken in Brasilien
Bemerkungen: Fleischfresser - Frost- und Lebendfutter, vielleicht auch Trockenfutter. Kein Saisonfisch. Nur im dicht bepflanzten Artaquarium mit schwacher Beleuchtung (Schwimmpflanzen) und Versteckmöglichkeiten zu pflegen. Für die Pflege mehrerer Paare oder Vergesellschaftung mit anderen Fischen Beckenvolumen mind. 40 Liter.

Scriptaphyosemion liberiense
2/45mm/15L/23-27°C/pH 6,5-7,5

Familie: Nothobranchiidae
Verbreitung: Afrika: Sierra Leone
Bemerkungen: Fleischfresser - Frost- und Lebendfutter kombiniert mit Trockenfutter. Kein Saisonfisch. Extrem scheu. Nur im dicht bepflanzten Artaquarium mit schwacher Beleuchtung (Schwimmpflanzen) und Versteckmöglichkeiten zu pflegen. Für die Pflege mehrerer Paare oder Vergesellschaftung mit anderen Fischen sollte das Beckenvolumen mind. 40 Liter betragen.

Labyrinthfische können häufig in kleinen Restgewässern mit trübem Wasser gefunden werden. Das Foto zeigt einen Fischfänger auf der Suche nach *Betta falx* bei Jambi, Sumatra.

Labyrinthfische

Die Labyrinther besitzen neben dem für Fische üblichen Atmungssystem über die Kiemen auch noch die Möglichkeit der Veratmung von Luftsauerstoff von der Wasseroberfläche über ein zusätzliches Atemorgan, das sogenannte Labyrinth. Folglich muss in einem Aquarium für Labyrinthfische immer ein Zwischenraum zwischen der Wasseroberfläche und der Abdeckscheibe vorhanden sein. Die Luft in diesem Bereich sollte feucht sein und in etwa die gleiche Temperatur wie das Wasser aufweisen. Viele Labyrinther bauen zur Laichzeit Schaumnester an der Wasseroberfläche.

Einige Labyrinther können in Nano-Aquarien gepflegt werden, aber die Männchen sind teilweise recht aggressiv untereinander. Folglich sollte man in kleinen Aquarien von diesen Arten nur ein Männchen gemeinsam mit einem oder mehreren Weibchen pflegen. Das Aquarium sollte gut bepflanzt sein und zahlreiche Versteckmöglichkeiten aufweisen. Einige Pflanzen sollten feinblättrig sein, da solche Pflanzen zum Bau der Schaumnester bevorzugt werden. Auch Schwimmpflanzen eignen sich recht gut dafür. Das Wasser sollte nicht zu stark bewegt sein.

Kjell Fohrman

Gustav Eek

1/ *Betta albimarginata*
2/ *Betta brownorum*
3/ *Betta channoides*

Betta albimarginata
3/50mm/30L/22-26°C/pH 5,5-7,5

Familie: Osphronemidae
Handelsname: Weißsaum-Kampffisch
Verbreitung: Asien: Sebuku-Becken, Kalimantan Timur, Borneo, Indonesien.
Bemerkungen: Fleischfresser - Frost- und Lebendfutter, vielleicht auch Trockenfutter. Nur im dicht bepflanzten Artaquarium mit schwacher Beleuchtung (Schwimmpflanzen) und Versteckmöglichkeiten zu pflegen. Für die Pflege mehrerer Paare oder Vergesellschaftung mit anderen Fischen Beckenvolumen mind. 80 Liter. Maulbrüter im männlichen Geschlecht (10-15 Tage).

Betta brownorum
3/50mm/25L/22-26°C/pH 5,5-7

Familie: Osphronemidae
Handelsname: Browns Zwergkampffisch
Verbreitung: Asien: Indonesien und Malaysia
Bemerkungen: Siehe Beschreibung von *Betta albimarginata*, aber *B. brownorum* ist ein Schaumnestbrüter, der jedoch auch Maulbrutpflege betreiben kann.

Betta channoides
3/60mm/40L/22-25°C/pH 5-7

Familie: Osphronemidae
Handelsname: Schlangenkopf-Kampffisch
Verbreitung: Asien: Mahakam-River-Becken in Kalimantan Timur, Borneo, Indonesien
Bemerkungen: Siehe Beschreibung von *Betta albimarginata.*

Kjell Fohrman

Betta falx
2/45mm/20L/22-26°C/pH 5-7,5

Familie: Osphronemidae
Handelsname: Zwischenkampffisch
Verbreitung: Zentrales Sumatra, Indonesien
Bemerkungen: Siehe Beschreibung von *Betta albimarginata*, aber für die Pflege mehrerer Paare oder Vergesellschaftung mit anderen Fischen sollte das Beckenvolumen mind. 40 Liter betragen.

Betta imbellis
2/60mm/30L/24-28°C/pH 6-7,5

Familie: Osphronemidae
Handelsname: Friedlicher Kampffisch
Verbreitung: Asien: Thailand, Malaysia, Singapur und Indonesien
Bemerkungen: Fleischfresser - Frost- und Lebendfutter, frisst aber auch Trockenfutter. Nur im dicht bepflanzten Artaquarium mit schwacher Beleuchtung und Versteckmöglichkeiten zu pflegen. Für die Pflege mehrerer Paare oder Vergesellschaftung mit anderen Fischen Beckenvolumen mind. 80 Liter. Der Friedliche Kampffisch ist ein Schaumnestbauer.

Betta persephone
3/35mm/20L/23-28°C/pH 6-7,5

Familie: Osphronemidae
Handelsname: Laub-Kampffisch, Malayischer Zwergkampffisch
Verbreitung: Asien: Malaysia
Bemerkungen: Fleischfresser - Frost- und Lebendfutter, vielleicht auch Trockenfutter. Nur im dicht bepflanzten Artaquarium mit schwacher Beleuchtung (Schwimmpflanzen) und Versteckmöglichkeiten zu pflegen. Für die Pflege mehrerer Paare oder Vergesellschaftung mit anderen Fischen Beckenvolumen mind. 80 Liter. Schaumnestbauer.

Betta rutilans
3/35mm/20L/22-26°C/pH 6-7

Familie: Osphronemidae
Handelsname: Roter Zwergkampffisch
Verbreitung: Asien: Indonesien
Bemerkungen: Siehe Beschreibung von *Betta persephone,* es ist in erster Linie ein Schaumnestbauer, der aber gelegentlich auch Maulbrutpflege betreibt.

Mikael Håkansson

Mark Smith

Gustav Eek

Gustav Eek

1/ *Betta falx*
2/ *Betta imbellis*
3/ *Betta persephone*
4/ *Betta rutilans*

Betta splendens
2/65mm/35L/24-30^{0}C/pH 6-8

Familie: Osphronemidae
Handelsname: Siamesischer Kampffisch
Verbreitung: Asien: Mekong-Becken.
Bemerkungen: Fleischfresser - Frost- und Lebendfutter, aber auch Trockenfutter. Nur im dicht bepflanzten Artaquarium mit schwacher Beleuchtung (Schwimmpflanzen) und Versteckmöglichkeiten zu pflegen. Für die Pflege mehrerer Paare oder Vergesellschaftung mit anderen Fischen Beckenvolumen mind. 120 Liter. Der Siamesische Kampffisch ist ein Schaumnestbauer. Die Art ist ein sehr populärer Aquariumfisch und es existieren zahlreiche Farb- und Zuchtformen.

Kjell Fohrman

Es gibt verschiedene Farb- und Flossenformen von *Betta splendens*. Die Fotos zeigen einige unterschiedliche Kampffisch-Männchen.

Betta uberis
3/45mm/20L/23-26°C/pH 5-6,5

Familie: Osphronemidae
Verbreitung: Asien: Kalimantan Tengah und Kalimantan Barat auf Borneo, Indonesien
Bemerkungen: Fleischfresser - Frost- und Lebendfutter, vielleicht auch Trockenfutter. Nur im dicht bepflanzten Artaquarium mit schwacher Beleuchtung (Schwimmpflanzen) und Versteckmöglichkeiten zu pflegen. Für die Pflege mehrerer Paare oder Vergesellschaftung mit anderen Fischen Beckenvolumen mind. 80 Liter. Schaumnestbauer.

Colisa chuna
3/60mm/40L/24-28°C/pH 6-7,5

Familie: Osphronemidae
Handelsname: Honiggurami
Verbreitung: Asien: Indien und Bangladesch
Bemerkungen: Allesfresser - Frost- und Lebendfutter kombiniert mit Trockenfutter. Ein dicht bepflanztes Aquarium, bevorzugt mit Schwimmpflanzen. Für die Pflege mehrerer Paare sollte das Beckenvolumen mind. 80 Liter betragen. Der Honiggurami ist ein Schaumnestbauer.

Colisa lalia
3/60mm/40L/23-28°C/pH 6-7,5

Familie: Osphronemidae
Handelsname: Zwergfadenfisch
Verbreitung: Asien: Pakistan, Indien und Bangladesch
Bemerkungen: Siehe Beschreibung von *C. chuna*. Es existieren zahlreiche Farbformen.

1

Gustav Eek

2

Kjell Fohrman

3

Mark Smith

4

Mark Smith

1/ *Betta uberis*
2/ *Colisa chuna*
3-4/ Farbvarianten von *Colisa lalia*

Lennart Brimstedt

Parosphromenus anjunganensis
4/40mm/25L/20-26°C/pH 5,5-7

Familie: Osphronemidae
Handelsname: Anjungan-Prachtzwerggurami
Verbreitung: Asien: Indonesien
Bemerkungen: Fleischfresser - Frost- und Lebendfutter, vielleicht auch Trockenfutter. Nur im bepflanzten Artaquarium mit schwacher Beleuchtung (Schwimmpflanzen) und Versteckmöglichkeiten zu pflegen. Für die Pflege mehrerer Paare Beckenvolumen mind. 60 Liter. Schaumnestbauer, der seine Nester in Höhlen anlegt. Sehr scheue Fische.

Kjell Fohrman

Parosphromenus deissneri
4/35mm/25L/24-28°C/pH 5,5-7

Familie: Osphronemidae
Handelsname: Deissners Prachtzwerggurami
Verbreitung: Asien: Indonesien
Bemerkungen: Siehe Beschreibung von *Parosphromenus anjunganensis*.

Lennart Brimstedt

Parosphromenus opallios
4/30mm/25L/22-26°C/pH 5-7

Familie: Osphronemidae
Handelsname: Sukamara-Prachtzwerggurami
Verbreitung: Asien: Borneo, Indonesien
Bemerkungen: Siehe Beschreibung von *Parosphromenus anjunganensis*.

Parosphromenus parvulus
4/35mm/25L/23-26°C/pH 5-6,5

Familie: Osphronemidae
Handelsname: Kleiner Prachtzwerggurami
Verbreitung: Asien: Indonesien
Bemerkungen: Siehe Beschreibung von *Parosphromenus anjunganensis*.

Lennart Brimstedt

1/ *Parosphromenus anjunganensis*
2/ *Parosphromenus deissneri*
3/ *Parosphromenus opallios*
4/ *Parosphromenus parvulus*

Daniel Larsson

Sphaerichthys osphromenoides

Sphaerichthys osphromeno-ides
4/60mm/30L/24-27°C/pH 5-6,5

Familie: Osphronemidae
Handelsname: Schokoladengurami
Verbreitung: Asien: Indonesien (Sumatra und Borneo) und Malaysia
Bemerkungen: Fleischfresser - Frost- und Lebendfutter, aber frisst auch Trockenfutter. Nur im bepflanzten Artaquarium mit schwacher Beleuchtung (Schwimmpflanzen) und Versteckmöglichkeiten zu pflegen. Ziemlich scheuer Fisch. Am besten in kleiner Gruppe in einem 80-Liter-Aquarium pflegen. Maulbrüter im weiblichen Geschlecht (etwa 14 Tage).

Mikael Håkansson

Sphaerichthys selatensis

3/45mm/30L/25-30°C/pH 5-6.5

Familie: Osphronemidae
Handelsname: Silberstreifen-Schokoladengurami
Verbreitung: Asien: Indonesien (südliches Borneo).
Bemerkungen: Siehe Beschreibung von *Sphaerichthys osphromenoides*.

Mikael Håkansson

Trichopsis pumila

3/45mm/30L/25-28°C/pH 6-7

Familie: Osphronemidae
Handelsname: Knurrender Zwerggurami
Verbreitung: Asien: Kambodscha, Indonesien, Laos, Thailand und Vietnam.
Bemerkungen: Fleischfresser - Frost- und Lebendfutter, aber auch Trockenfutter. Nur im bepflanzten Artaquarium mit schwacher Beleuchtung (Schwimmpflanzen) und Versteckmöglichkeiten zu pflegen. Für die Pflege mehrerer Paare Beckenvolumen mind. 80 Liter. Schaumnestbauer.

1/ *Spaerichthys selatensis*
2/ *Trichopsis pumila*
3/ *Trichopsis schalleri*

Trichopsis schalleri

3/55mm/35L/25-28°C/pH 6-7

Familie: Osphronemidae
Handelsname: Schallers Knurrender Gurami
Verbreitung: Asien: Mekong-Becken
Bemerkungen: Siehe Beschreibung von *Trichopsis pumila*.

Mike Norén

Sonja Cygnel

Pseudomugil gertrudae jagt eine Delikatesse - eine lebende schwarze Mücke.

Regenbogenfische

Regenbogenfische sind einfach zu pflegen, ausgesprochen hübsch und friedlich, jedoch sind sie nicht so bekannt, wie sie es verdienen würden. Dieses liegt wahrscheinlich an der unscheinbaren Jungfischfärbung der meisten Arten, die sie natürlich auch in den Verkaufsanlagen zumeist zeigen.

Die Regenbogenfische sind Streulaicher und fühlen sich in Aquarien mit zahlreichen Pflanzen und hohem Sauerstoffgehalt am wohlsten. Sie sollten in Gruppen von mindestens 6 Tieren gepflegt werden. Leider gibt es nur wenige kleine Arten, die sich für Nanos eignen. In der Regel handelt es sich um gute Springer und somit muss das Aquarium gut abgedeckt sein.

1/ *Iriatherina werneri*
2/ *Pseudomugil gertrudae*

Iriatherina werneri
3/45mm/40L/25-29°C/pH 6-8

Familie: Melanotaeniidae
Handelsname: Fadenflossen-Regenbogenfisch, Filigran-Regenbogenfisch, Pracht-Regenbogenfisch
Verbreitung: Asien und Ozeanien: Papua Neuguinea und Australien
Bemerkungen: Fleischfresser - Frost- und Lebendfutter kombiniert mit Trockenfutter. Friedlicher und sehr aktiver Fisch. Dunkler Untergrund (für eine bessere Färbung der Tiere) und ein bepflanztes Aquarium (mit einigen Schwimmpflanzen).

Pseudomugil gertrudae
2/40mm/30L/24-30°C/pH 5-7

Familie: Pseudomugilidae
Handelsname: Geflecktes Blauauge.
Verbreitung: Asien und Ozeanien: Australien, Papua Neuguinea und Aru-Inseln.
Bemerkungen: Siehe Beschreibung von *Iriatherina werneri*. Toleriert Brackwasser.

Takashi Amano

1

Ein wunderschönes 14-Liter Aquarium mit einem Schwarm von *Axelrodia riesei* und zahlreichen Pflanzen.

Salmler

Diese große Gruppe ist in der Aquaristik sehr beliebt. Es handelt sich normalerweise um Schwarmfische, von denen man mindestens 8 Tiere pflegen sollte. Salmler sind in der Regel schnelle Schwimmer und aus diesem Grunde eignen sich nur recht wenige, sehr kleine Arten für Nano-Aquarien.

Ein Aquarium für Salmler sollte recht lang sein (minimal 30-40 cm), damit die Tiere genügend Raum zum Schwimmen haben. Das Wasser sollte sauber und sauerstoffreich sein.

Axelrodia riesei

3/30mm/25L/20-26°C/pH 6-7,5

Familie: Characidae
Handelsname: Roter Pfeffersalmler
Verbreitung: Südamerika: oberes Río-Meta-Becken

Bemerkungen: Fleischfresser und Allesfresser - gemischte Nahrung. Friedlicher Schwarmfisch. Bepflanztes Aquarium (mit einigen Schwimmpflanzen) und dunklem Untergrund. Streulaicher.

Ingo Seidel

2

Axelrodia riesei

Ingo Seidel

Axelrodia stigmatias
3/30mm/30L/22-26°C/pH 5,5-6,5

Familie: Characidae
Handelsname: Pfeffersalmler
Verbreitung: Südamerika: oberes Amazonas-Becken, Brasilien und Peru; Rio Madeira, Brasilien.
Bemerkungen: Siehe Beschreibung von *Axelrodia riesei.*

Kjell Fohrman

Kjell Fohrman

Characidae gen. sp. „Picaflor“
3/25mm/30L/23-27°C/pH 6-7,5

Familie: Characidae
Handelsname: Kolibri-Salmler
Verbreitung: Südamerika: Peru
Bemerkungen: Siehe Beschreibung von *Axelrodia riesei.* Oft als *Tyttocharax* sp. 'Peru' im Handel.

Ingo Seidel

Characidium sp.
4/40mm/40L/20-27°C/pH 6-7,5

Familie: Characidae
Handelsname: Grundsalmler.
Verbreitung: Tropisches Südamerika.
Bemerkungen: Fleischfresser - Insektenlarven und kleine Krebstiere. Fisch der vor allem auf dem Boden lebt und am besten ins Artaquarium paßt. Bepflanztes Aquarium (mit einigen Schwimmpflanzen) und dunklem Untergrund. Streulaicher.

5

Mikael Håkansson

Copella meinkeni
3/50mm/40L/23-28⁰C/pH 6-7,5

Familie: Lebiasinidae
Handelsname: Blaupunktsalmler
Verbreitung: Südamerika: Brasilien, Kolumbien, Guyana und Venezuela.
Bemerkungen: Siehe Beschreibung von *Axelrodia riesei.* Guter Springer - gut abdecken.

6

Ingo Seidel

Hemigrammus rodwayi
3/50mm/40L/24-27⁰C/pH 6-7

Familie: Characidae
Handelsname: Gold-Tetra
Verbreitung: Südamerika: Guyana, Surinam, Französisch-Guyana, Peru, und Brasilien.
Bemerkungen: Fleischfresser und Allesfresser - abwechslungsreich füttern. Friedlicher Schwarmfisch. Bepflanztes Aquarium. Streulaicher. Wildfang-Männchen sind häufig goldmetallisch glänzend.

7

Sonja Cygnel

Hyphessobrycon amandae
2/30mm/30L/24-28⁰C/pH 6-7

Familie: Characidae
Handelsname: Feuer-Tetra
Verbreitung: Südamerika: Rio-Araguaia-Becken, Brasilien
Bemerkungen: Allesfresser - frisst Lebend- und Trockenfutter. Friedlicher Schwarmfisch. Bepflanztes Aquarium (mit einigen Schwimmpflanzen) und dunklem Untergrund. Streulaicher.

1/ *Axelrodia stigmatias*
2-3/ Characidae gen sp „Picaflor Peru“
4/ *Characidium* sp.
5/ *Copella meinkeni*
6/ *Hemigrammus rodwayi*
7/ *Hyphessobrycon amandae*

Mikael Håkansson

Hyphessobrycon heliacus
2/40mm/40L/25-28°C/pH 6-7,5

Familie: Characidae
Handelsname: Kitty-Tetra
Verbreitung: Südamerika: Oberes Rio-Xingu-Becken, Brasilien
Bemerkungen: Siehe Beschreibung von *Hyphessobrycon amandae*.

Mikael Håkansson

Ingo Seidel

Hyphessobrycon sp. „Junior-Pandurini"
2/30mm/40L/24-29°C/pH 6-7,5

Familie: Characidae
Handelsname: Junior-Tetra
Verbreitung: Südamerika: Peru
Bemerkungen: Siehe Beschreibung von *Hyphessobrycon amandae*. Männchen haben rote Flossen, Weibchen gelbe.

1/ *Hyphessobrycon heliacus*
2/ *Hyphessobrycon* sp. 'Junior Pandurini'
3/ *Ladigesia roloffi*

Ladigesia roloffi
3/40mm/40L/22-26°C/pH 6-7,5

Familie: Alestidae
Handelsname: Sierra-Leone-Zwergsalmler, Orangeroter Zwergsalmler
Verbreitung: Afrika: Liberia und Sierra Leone.
Bemerkungen: Siehe Beschreibung von *Hyphessobrycon amandae*. Guter Springer - gut abdecken.

Lepidarchus adonis
3/25mm/25L/22-26°C/pH 6-7

Familie: Alestidae
Handelsname: Adonis-Salmler
Verbreitung: Afrika: Ghana, Ivory Coast und Liberia.
Bemerkungen: Siehe Beschreibung von *Hyphessobrycon amandae.*

Nannostomus anduzei
3/20mm/30L/24-28°C/pH 6-7

Familie: Lebiasinidae
Handelsname: Anduzes Ziersalmler
Verbreitung: Südamerika: Brasilien und Venezuela.
Bemerkungen: Allesfresser - abwechslungsreich füttern. Friedlicher Schwarmfisch. Bepflanztes Aquarium mit freien Bereichen. Streulaicher. Guter Springer - gut abdecken.

Nannostomus espei
3/35mm/40L/23-26°C/pH 6-7

Familie: Lebiasinidae
Handelsname: Espes Ziersalmler
Verbreitung: Südamerika: Mazaruni River System, Guyana.
Bemerkungen: Siehe Beschreibung von *Nannostomus anduzei.*

Nannostomus marginatus
3/35mm/40L/24-26°C/pH 6-7,5

Familie: Lebiasinidae
Handelsname: Kleiner Ziersalmler, Zwergziersalmler
Verbreitung: Südamerika: Brasilien, Guyana, Kolumbien, Peru und Surinam.
Bemerkungen: Siehe Beschreibung von *Nannostomus anduzei.*

Ingo Seidel

Ingo Seidel

Mark Smith

Ingo Seidel

1/ *Lepidarchus adonis*
2/ *Nannostomus anduzei*
3/ *Nannostomus espei*
4/ *Nannostomus marginatus*

Ingo Seidel

Nannostomus marylinae
3/45mm/40L/24-26°C/pH 5,5-7

Familie: Lebiasinidae
Handelsname: Marylins Ziersalmler
Verbreitung: Südamerika: Brasilien und Kolumbien.
Bemerkungen: Siehe Beschreibung von *Nannostomus anduzei*. Ein Männchen mit mehreren Weibchen pflegen.

Mikael Håkansson

Mikael Håkansson

1/ *Nannostomus marylinae*
2/ *Nannostomus mortenthaleri*
3/ *Nannostomus rubrocaudatus*

Nannostomus mortenthaleri
3/35mm/40L/23-27°C/pH 6-7,5

Familie: Lebiasinidae
Handelsname: Purpur-Ziersalmler
Verbreitung: Südamerika: Peru
Bemerkungen: Siehe Beschreibung von *Nannostomus anduzei*. Ein Männchen mit mehreren Weibchen pflegen.

Nannostomus rubrocaudatus
3/32mm/35L/24-27°C/pH 6-7,5

Familie: Lebiasinidae
Handelsname: Purpur-Zwergziersalmler
Verbreitung: Südamerika: Peru
Bemerkungen: Siehe Beschreibung von *Nannostomus anduzei*. Ein Männchen mit mehreren Weibchen pflegen.

Nanocheirodon insignis
3/30mm/40L/22-26°C/pH 5,5-7,5

Familie: Characidae
Handelsname: San-Pablo-Tetra
Verbreitung: Südamerika: Maracaibo Lake und Magdalena River Basin, Kolumbien
Bemerkungen: Fleischfresser und Allesfresser - abwechslungsreich füttern. Friedlicher Schwarmfisch. Bepflanztes Aquarium. Streulaicher.

Ingo Seidel

Paracheirodon simulans
3/35mm/40L/23-27°C/pH 5,5-7

Familie: Characidae
Handelsname: Blauer Neonsalmler
Verbreitung: Südamerika: Brasilien, Kolumbien und Venezuela.
Bemerkungen: Fleischfresser und Allesfresser - abwechslungsreich füttern. Friedlicher aktiver Schwarmfisch. Bepflanztes Aquarium (einige Schwimmpflanzen) mit abgedunkelten Bereichen. Streulaicher.

Ingo Seidel

1/ *Nanocheirodon insignis*
2/ *Paracheirodon simulans*
3/ *Serrapinnus kriegi*

Serrapinnus kriegi
2/45mm/40L/24-27°C/pH 6-7,5

Familie: Characidae
Handelsname: Dreipunkt-Tetra
Verbreitung: Südamerika: Río-Paraguay-Becken.
Bemerkungen: Siehe Beschreibung von *Paracheirodon simulans*.

Ingo Seidel

Einige Arten von Panzerwelsen (großes Foto - *C. habrosus*) und die meisten *Otocinclus* (kleines Foto) können in einem Nano-Aquarium gepflegt werden.

Welse

Diese sehr große Gruppe besteht aus mehr als 2.000 Arten, die bezüglich ihrer Größe (von 3 cm bis 3 m), ihrer Körperform und ihres Verhaltens extrem stark variieren. Die beliebtesten Welse findet man in den Familien Callichthyidae (Panzerwelse) und Loricariidae (Harnischwelse).

Callichthyidae: Die Arten aus dieser Familie (vorwiegend *Corydoras*) sind zumeist klein und sollten in Gruppen von mindestens sechs Tieren gepflegt werden. Aufgrund ihrer Größe sind viele Arten für kleinere Aquarien geeignet, aber da es sich um Bodenbewohner handelt und der Boden der meisten Nanos dicht bepflanzt ist, kommen nur wenige sehr kleine Arten für solche Aquarien in Frage. Man sollte den Tieren deshalb eine freie Bodenfläche anbieten, die mit feinem und nicht scharfkantigem Bodengrund bedeckt ist.

Loricariidae: Dabei handelt es sich vielleicht um die derzeit beliebtesten Welse und einige Arten sind gute Algenfresser, aber die allermeisten Arten werden für Nano-Aquarien viel zu groß. Lediglich einige Ohrgittersaugwelse aus der *Otocinclus*-Verwandtschaft eignen sich auch für eine Pflege in Nanos.

Akysis longifilis
3/60mm/40L/18-23°C/pH 6,5-7,5

Familie: Akysidae
Handelsname: Rautenflecken-Zwergwels
Verbreitung: Asien: Südliches Myanmar
Bemerkungen: Fleischfresser - frisst Frostfutter sowie kleine Fische und Garnelen. Bodenbewohner ohne Schwimmblase. Eine kräftige Strömung und zahlreiche Versteckmöglichkeiten sind anzuraten.

Ingo Seidel

Aspidoras cf. *taurus*
4/60mm/40L/22-26°C/pH 6-7,5

Familie: Callichthyidae
Handelsname: Schmerlenpanzerwels
Verbreitung: Südamerika: Brasilien
Bemerkungen: Fleischfresser und Allesfresser - frisst feines Frostfutter sowie absinkendes Trocken- und Granulatfutter. Bodenbewohnender friedlicher Schwarmfisch (mind. 6). Bepflanztes Aquarium mit offenen Flächen und feinkörnigem Untergrund ohne scharfe Kanten. Sauberes und sauerstoffreiches Wasser mit leichter Strömung.

Ingo Seidel

Aspidoras depinnai
3/40mm/40L/22-25°C/pH 6-7,5

Familie: Callichthyidae
Handelsname: De-Pinnas Schmerlenpanzerwels
Verbreitung: Südamerika: Rio-Ipojuca-Becken, Brasilien
Bemerkungen: Siehe Beschreibung von *Aspidoras taurus*.

Ingo Seidel

Centromochlus reticulatus
2/35mm/30L/23-28°C/pH 6-7,5

Familie: Auchenipteridae
Verbreitung: Südamerika: Rupununi River, Guyana
Bemerkungen: Fleischfresser - feines Lebend- und Frostfutter, weiterhin auch Trockenfutter. Sollte in Aquarien mit vielen Versteckmöglichkeiten gepflegt werden (z.B. mit Moorkienholz). Vor allem nachtaktiv. Vermutlich innere Befruchtung.

Daniel Blom

1/ *Akysis longifilis*
2/ *Aspidoras* cf. *taurus*
3/ *Aspidoras depinnai*
4/ *Centromochlus reticulatus*

Kjell Fohrman

Mark Smith

1/ *Corydoras habrosus*
2/ *Corydoras pygmaeus*
3/ *Erethistes jerdoni*

Corydoras habrosus
3/35mm/40L/22-26°C/pH 6-7,5

Familie: Callichthyidae
Handelsname: Schachbrett-Zwergpanzerwels
Verbreitung: Südamerika: Kolumbien und Venezuela.
Bemerkungen: Allesfresser - feines Frostfutter sowie Granulat- und Flockenfutter. Friedliche, in mittleren Wasserschichten schwimmende Fische (Pflege von wenigstens 10 Tieren). Bepflanztes Aquarium mit freien Bereichen und feinem Sandbodengrund ohne scharfe Kanten. Legen ihre Eier nahe des Bodens an Pflanzen ab.

Corydoras pygmaeus
4/30mm/40L/23-26°C/pH 6-7

Familie: Callichthyidae
Handelsname: Zwergpanzerwels
Verbreitung: Südamerika: Rio-Madeira-Becken, Brasilien
Bemerkungen: Siehe Beschreibung von *Corydoras habrosus*.

Erethistes jerdoni
4/40mm/30L/20-24°C/pH 6-7,5

Familie: Erethistidae
Handelsname: Deltaflügel-Zwergwels
Verbreitung: Asien: Indien und Bangladesch
Bemerkungen: Fleischfresser - feines Lebendfutter, nimmt vermutlich auch Frost- und Trockenfutter. In bepflanzten Aquarien mit zahlreichen Versteckmöglichkeiten (z. B. zwischen Wurzeln) pflegen. Friedlich, scheu und nachtaktiv, bevorzugt die Pflege in der Gruppe.

Sonja Cygnel

Hyalobagrus flavus
3/50mm/40L/22-27°C/pH 5-7

Familie: Bagridae
Handelsname: Zwergstachelflossenwels
Verbreitung: Asien: Indonesien
Bemerkungen: Fleischfresser - feines Lebend- und Frostfutter sowie Trockenfutter. Bepflanztes Aquarium (einige Schwimmpflanzen) mit Versteckmöglichkeiten (z. B. zwischen Wurzeln). Friedlicher, vor allem dämmerungsaktiver Schwarmfisch (minimal 6 Tiere).

Hypoptopomatinae gen . sp. „LG2"
2/40mm/30L/18-24°C/pH 6-7,5

Familie: Loricariidae
Handelsname: Brauner Ohrgittersaugwels, LG2
Verbreitung: Südamerika: Paraguay und Argentinien.
Bemerkungen: Pflanzenfresser - Algen und andere pflanzliche Kost. In der Gruppe (mind. 6) in bepflanzten Aquarien mit Sandbodengrund pflegen. Substratlaicher (Pflanzen und Glas).

Microglanis carlae
2/40mm/30L/22-26°C/pH 6-7,5

Familie: Pseudopimelodidae
Handelsname: Paraguay-Hummelwels
Verbreitung: Südamerika: Río-Paraguay-Becken, Paraguay.
Bemerkungen: Allesfresser - feines Lebend- und Frostfutter sowie pflanzliches Trockenfutter. Friedlich und nachtaktiv. Bepflanztes Aquarium mit offenen Bereichen und Sandbodengrund.

Daniel Blom

Johan Sträng

Ingo Seidel

1/ *Hyalobagrus flavus*
2/ Hypoptopomatinae gen sp. „LG2"
3/ *Microglanis carlae*

Johan Stràng

Mikael Håkansson

Kjell Fohrman

1/ *Nannoptopoma* sp. „Peru"
2/ *Otocinclus cocama*
3/ *Otocinclus macrospilus*

Nannoptopoma sp. „Peru"

3/50mm/40L/22-26°C/pH 6-7,5

Familie: Loricariidae
Handelsname: Zebra-Zwergharnischwels
Verbreitung: Südamerika: Peru.
Bemerkungen: Pflanzenfresser - Algen und andere pflanzliche Kost. In der Gruppe (minimal 6 Tiere) in bepflanzten Aquarien mit Sandbodengrund zu pflegen. Substratbrüter (Pflanzen und Glasscheibe). Diverse (noch mehr als hier beschrieben) *Nannoptopoma*, *Otocinclus* und *Parotocinclus* können in Nanos gepflegt werden.

Otocinclus cocama

3/40mm/35L/21-25°C/pH 6-7,5

Familie: Loricariidae
Handelsname: Zebra-Ohrgittersaugwels
Verbreitung: Südamerika: Peru
Bemerkungen: Siehe Beschreibung von *Nannoptopoma* sp. „Peru".

Otocinclus macrospilus

3/40mm/35L/21-26°C/pH 5,5-7,5

Familie: Loricariidae
Handelsname: Schwanzfleck-Ohrgittersaugwels
Verbreitung: Südamerika: Amazonas-Becken, Peru
Bemerkungen: Siehe Beschreibung von *Nannoptopoma* sp. „Peru".

Parotocinclus cf. *eppleyi*
3/35mm/30L/21-27°C/pH 6-7,5

Familie: Loricariidae
Handelsname: Grünpunkt-Zwergharnischwels
Verbreitung: Südamerika: Oberer und mittlerer Río Orinoco, Venezuela.
Bemerkungen: Siehe Beschreibung von *Nannoptopoma* sp. „Peru".

Physopyxis lyra
3/40mm/30L/23-26°C/pH 6-7,5

Familie: Doradidae
Handelsname: Lyra-Zwergdornwels
Verbreitung: Südamerika: Brasilien, Kolumbien, Guyana und Peru.
Bemerkungen: Allesfresser - nach Abschalten der Beleuchtung füttern. Friedlich und vor allem nachtaktiv. Viele Versteckmöglichkeiten zwischen Wurzeln, Blättern etc., Sandbodengrund.

Pseudolaguvia sp.
3/40mm/25L/20-25°C/pH 6-7,5

Familie: Erethistidae
Handelsname: Roter Zwerggebirgswels
Verbreitung: Asien: Myanmar.
Bemerkungen: Fleischfresser - feines Lebend- oder Frostfutter sowie Granulatfutter. Viele Versteckmöglichkeiten zwischen Wurzeln, Blättern etc., Sandbodengrund.

Tatia sp.
3/35mm/30L/23-27°C/pH 6-7,5

Familie: Auchenipteridae
Handelsbezeichnung: Brauner Trugdornwels
Verbreitung: Südamerika: Surinam
Bemerkungen: Fleischfresser - feines Lebend- und Frostfutter, weiterhin auch Trockenfutter. Sollte in Aquarien mit vielen Versteckmöglichkeiten gepflegt werden (z.B. mit Moorkienholz). Vor allem nachtaktiv. Vermutlich innere Befruchtung.Im Handel als *Centromochlus concolor*.

Ingo Seidel

Daniel Blom

Ingo Seidel

Daniel Blom

1/ *Parotocinclus* cf. *eppleyi*
2/ *Physopyxis lyra*
3/ *Pseudolaguvia* sp.
4/ *Tatia* sp.

Kjell Fohrman

Kjell Fohrman

Buntbarsche sind territorial und aus diesem Grunde ist es wichtig, auch in einem Nano-Aquarium für Cichliden Sichtbarrieren zu errichten. In diesem 35-Liter-Nano mit *Lamprologus ocellatus* wurden Pflanzen und Steine als solche Barrieren benutzt, so dass sich die Männchen, die ihre Schneckenhäuser verteidigen, nicht ständig sehen können.

Buntbarsche

Die Familie der Buntbarsche (Cichlidae) ist sehr artenreich mit mehr als 2.000 beschriebenen Arten. Die Angehörigen dieser Familie unterscheiden sich recht stark in der Größe (von 2 cm bis 1 m Länge) und natürlich können nur die kleinsten in Nanos gepflegt werden.

Eine Eigenschaft der Cichliden ist ein zumeist stark ausgeprägtes Revierverhalten, was es sehr schwierig macht, sie in kleineren Aquarien zu pflegen. Ein Nano-Aquarium mit Buntbarschen sollte recht lang (minimal 40-45 cm) und mit zahlreichen Versteckmöglichkeiten eingerichtet sein. Wir haben einige Arten herausgesucht, die unter diesen Bedingungen auch in kleinen Aquarien gepflegt werden können.

Afrika: Tanganjikasee

Schneckenbarsche: Pflegen Sie eine kleine Gruppe (5-7) und bieten Sie mehr Schneckengehäuse an als Sie Fische pflegen wollen.

Julidochromis: Pflegen Sie ein Paar und dekorieren Sie das Aquarium mit vielen Steinen.

Südamerika

Apistogramma: Pflegen Sie ein Paar oder ein Männchen und zwei Weibchen und bepflanzen Sie das Aquarium dicht.

Apistogramma baenschi
3/60mm/40L/22-26°C/pH 5,5-7

Familie: Cichlidae
Handelsname: Inka-Zwergbuntbarsch, Baenschs Zwergbuntbarsch
Verbreitung: Südamerika: Peru
Bemerkungen: Fleischfresser / Allesfresser - feines Lebend- und Frostfutter sowie Trockenfutter. Dicht bepflanztes Aquarium mit zahlreichen Verstecken - Höhlen (z. B. zwischen Wurzeln, Pflanzen und Blättern auf dem Boden). Höhlenbrüter - Pflege im Nano am besten paarweise oder im Harem (jedes Weibchen benötigt wenigstens 25 cm). Männchen sind revierbildend.

Apistogramma borellii
2/60mm/40L/22-26°C/pH 6-7,5

Familie: Cichlidae
Handelsname: Gelber Zwergbuntbarsch
Verbreitung: Südamerika: Peru
Bemerkungen: Siehe Beschreibung von *Apistogramma baenschi.*

Apistogramma guttata
4/60mm/40L/26-28°C/pH 5-7

Familie: Cichlidae
Handelsname: Getüpfelter Zwergbuntbarsch
Verbreitung: Südamerika: Nordöstliches Venezuela
Bemerkungen: Siehe Beschreibung von *Apistogramma baenschi*.

Apistogramma linkei
3/55mm/40L/24-26°C/pH 6-7,5

Familie: Cichlidae
Handelsname: Linkes Zwergbuntbarsch
Verbreitung: Südamerika: Bolivien.
Bemerkungen: Siehe Beschreibung von *Apistogramma baenschi.*

Kjell Fohrman

Ad Konings

Kjell Fohrman

Kjell Fohrman

1/ *Apistogramma baenschi*
2/ *Apistogramma borellii*
3/ *Apistogramma guttata*
4/ *Apistogramma linkei*

Mattias Allroth

Apistogramma paucisquamis
4/60mm/40L/23-29°C/pH 5-7

Familie: Cichlidae
Handelsname: Glanzbinden-Zwergbuntbarsch
Verbreitung: Südamerika: Brasilien
Bemerkungen: Siehe Beschreibung von *Apistogramma baenschi*.

Peter Fredriksson

Apistogramma pulchra
3/60mm/40L/24-29°C/pH 5-7

Familie: Cichlidae
Handelsname: Schöner Zwergbuntbarsch
Verbreitung: Südamerika: Rio-Madeira-Einzug im Amazonas-Becken, Brasilien.
Bemerkungen: Siehe Beschreibung von *Apistogramma baenschi*.

Viktor Rutgersson

Apistogramma trifasciata
2/60mm/40L/23-27°C/pH 6,5-7,5

Familie: Cichlidae
Handelsname: Dreistreifen-Zwergbuntbarsch
Verbreitung: Südamerika: Brasilien, Bolivien, Paraguay und Argentinien.
Bemerkungen: Siehe Beschreibung von *Apistogramma baenschi*, aber Pflege am besten paarweise.

Anders Johnsson

Apistogramma viejita
4/60mm/40L/24-27°C/pH 5,5-7

Familie: Cichlidae
Handelsname: Schwarzkehl-Zwergbuntbarsch
Verbreitung: Südamerika: Oberer Río Meta im Orinoco-Becken, Kolumbien.
Bemerkungen: Siehe Beschreibung von *Apistogramma baenschi*, aber am besten paarweise zu vermehren. Es existieren diverse Farbformen.

1/ *Apistogramma paucisquamis*
2/ *Apistogramma pulchra*
3/ *Apistogramma trifasciata*
4/ *Apistogramma viejita*

Julidochromis ornatus
3/80mm/40L/23-26°C/pH 7,8-9

Familie: Cichlidae
Handelsname: Gelber Schlankcichlide
Verbreitung: Afrika: Tanganjikasee.
Bemerkungen: Fleischfresser - Frostfutter in Kombination mit Trockenfutter. Aquarium mit vielen Verstecken - Höhlenbrüter. Nur paarweise pflegen.

Julidochromis transcriptus
3/70mm/40L/23-26°C/pH 7,8-9

Familie: Cichlidae
Handelsname: Schwarzweißer Schlankcichlide
Verbreitung: Afrika: Tanganjikasee.
Bemerkungen: Siehe Beschreibung von *Julidochromis ornatus*.

Lamprologus brevis
2/50mm/40L/23-26°C/pH 7,8-9

Familie: Cichlidae
Handelsname: Blauwangen-Schneckenbarsch
Verbreitung: Afrika: Tanganjikasee.
Bemerkungen: Fleischfresser - Frostfutter in Kombination mit Trockenfutter. Höhlenbrüter, der leere Schneckenhäuser als Höhlen benutzt. Feiner Sandboden als Substrat. Pflege in kleiner Gruppe (5-6).

Lamprologus multifasciatus
2/40mm/25L/23-26°C/pH 7,8-9

Familie: Cichlidae
Handelsname: Gestreifter Schneckenbarsch
Verbreitung: Afrika: Tanganjikasee.
Bemerkungen: Siehe Beschreibung von *Lamprologus brevis*. Gräbt recht stark.

Ad Konings

Ad Konings

Christian Alfredsson

Ad Konings

1/ *Julidochromis ornatus*
2/ *Julidochromis transcriptus*
3/ *Lamprologus brevis*
4/ *Lamprologus multifasciatus*

Lamprologus ocellatus
2/60mm/35L/23-26°C/pH 7,8-9

Familie: Cichlidae
Handelsname: Scheckenbuntbarsch, Augenfleck-Schneckenbarsch
Verbreitung: Afrika: Tanganjikasee.
Bemerkungen: Siehe Beschreibung von *Lamprologus brevis*.

Lamprologus similis
2/40mm/25L/23-26°C/pH 7,8-9

Familie: Cichlidae
Handelsname: Breitstreifen-Schneckenbarsch
Verbreitung: Afrika: Tanganjikasee.
Bemerkungen: Siehe Beschreibung von *Lamprologus brevis*. Gräbt recht stark.

1/ *Lamprologus ocellatus*
2/ *Lamprologus similis*
3/ *Lamprologus speciosus*
4/ *Lamprologus* sp. „Ornatipinnis Sambia“
5/ *Lamprologus stappersi*
6-7/ *Mikrogeophagus ramirezi*. Foto 7 zeigt eine neu gezüchtete Variante, die sich „Neonblau“ nennt.

Lamprologus speciosus
2/50mm/35L/23-26°C/pH 7,8-9

Familie: Cichlidae
Handelsname: Weißgebänderter Schneckenbarsch
Verbreitung: Afrika: Tanganjikasee.
Bemerkungen: Siehe Beschreibung von *Lamprologus brevis*.

Lamprologus sp. „Ornatipinnis Sambia“
2/60mm/35L/23-26°C/pH 7,8-9

Familie: Cichlidae
Handelsname: Schmuckflossen-Schneckenbarsch
Verbreitung: Afrika: Tanganjikasee.
Bemerkungen: Siehe Beschreibung von *L. brevis*, aber am besten paarweise zu pflegen

Ad Konings
4

Lamprologus stappersi
2/60mm/30L/23-26°C/pH 7,8-9

Familie: Cichlidae
Handelsname: Geperlter Schneckenbarsch
Verbreitung: Afrika: Tanganjikasee.
Bemerkungen: Siehe Beschreibung von *Lamprologus brevis*.

Ad Konings
5

Mikrogeophagus ramirezi
3/55mm/40L/25-28°C/pH 5,5-7

Familie: Cichlidae
Handelsname: Schmetterlings-Buntbarsch
Verbreitung: Südamerika: Orinoco-Becken in Venezuela und Kolumbien.
Bemerkungen: Fleischfresser/Allesfresser- feines Lebend- und Frostfutter sowie Trockenfutter. Dicht bepflanztes Aquarium mit zahlreichen Verstecken (z. B. zwischen Wurzeln, Pflanzen und Blättern auf dem Boden). Höhlenbrüter - Pflege als Paar. Männchen sind territorial.

Kjell Fohrman
6

Kjell Fohrman
7

Erland Isaksson

Nannacara taenia

3/50mm/40L/23-28°C/pH 6-7,5

Familie: Cichlidae
Handelsname: Gebänderter Zwergbuntbarsch
Verbreitung: Südamerika: nahe Belém, Para, Brasilien
Bemerkungen: Fleischfresser/Allesfresser - feines Lebend- und Frostfutter sowie Trockenfutter. Dicht bepflanztes Aquarium mit zahlreichen Verstecken - Höhlen (z. B. zwischen Wurzeln, Pflanzen und Blättern auf dem Boden). Höhlenbrüter - Pflege als Paar. Männchen sind territorial.

Ad Konings

Neolamprologus kungweensis

2/40mm/30L/23-26°C/pH 7,8-9

Familie: Cichlidae
Verbreitung: Afrika: Tanganjikasee.
Bemerkungen: Fleischfresser - Frostfutter in Kombination mit Trockenfutter. Höhlenbrüter in leeren Schneckenhäusern. Feiner Sandboden als Substrat. Pflege in kleiner Gruppe (5-6).

Ad Konings

Neolamprologus signatus

2/60mm/30L/23-26°C/pH 7,8-9

Familie: Cichlidae
Handelsname: Vielfachgebänderter Schneckenbarsch
Verbreitung: Afrika: Tanganjikasee.
Bemerkungen: Siehe Beschreibung von *Neolamprologus kungweensis*, aber am besten paarweise oder im Harem gepflegt (1 Männchen und mehrere Weibchen). In der Natur werden die Eier in einem Tunnel abgelegt, der in den Schlamm gegraben wird.

1/ *Nannacara taenia*
2/ *Neolamprologus kungweensis*
3/ *Neolamprologus signatus*

Andere Fische

Da sich diese Arten in ihren Eigenschaften stark unterscheiden, sollten Sie die Beschreibungen der einzelnen Arten genauer durchlesen.

Ingo Seidel

Ingo Seidel

Kjell Fohrman

1/ *Brachygobius doriae*
2/ *Brachygobius mekongensis*
3/ *Brachygobius xanthozonus*

Brachygobius doriae
3/50mm/30L/22-29°C/pH 7-8,5

Familie: Gobiidae
Handelsname: Goldringelgrundel
Verbreitung: Asien: Indonesien, Malaysia, Brunei und Singapur
Bemerkungen: Fleischfresser - Lebend- (z.B. kleine Schnecken) und Frostfutter, manchmal auch Flockenfutter. Bevorzugt Brackwasser (0,5 % Salz). Kann die Flossen anfressen, weshalb die Art am besten gemeinsam mit kurzflossigen Fischen oder im Artaquarium gepflegt werden sollte. Aquarium dekoriert mit Wurzelstücken, Steinen und feinkörnigem Bodengrund. Höhlenbrüter.

Brachygobius mekongensis
3/25mm/20L/23-28°C/pH 6,5-7,5

Familie: Gobiidae
Handelsname: Mekong-Goldringelgrundel
Verbreitung: Asien: Thailand, Laos und Kambodscha
Bemerkungen: Fleischfresser - Lebend- (z.B. kleine Schnecken) und Frostfutter, manchmal auch Flockenfutter. Pflege am besten im Artaquarium. Aquarium dekoriert mit Wurzelstücken, Steinen und feinkörnigem Bodengrund.

Brachygobius xanthozonus
3/45mm/25L/25-28°C/pH 6-7,5

Familie: Gobiidae
Handelsname: Goldringelgrundel
Verbreitung: Asien: Java, Sumatra und Borneo
Bemerkungen: Fleischfresser - Lebend- (z.B. kleine Schnecken) und Frostfutter, manchmal auch Flockenfutter. Toleriert auch Brackwasser (0,5 % Salz). Kann die Flossen anfressen, weshalb die Art am besten im Artaquarium oder gemeinsam mit kurzflossigen Fischen gepflegt werden sollte. Aquarium dekoriert mit Wurzelstücken, Steinen und feinkörnigem Bodengrund. Höhlenbrüter.

Rickard Samuelsson

Daniel Blom

Gustav Eek

1/ Das Lieblingsfutter von *Carinotetraodon travancoricus* sind Schnecken
2/ *Dario dario*
3/ *Dario hysginon*
4/ *Elassoma evergladei*
5-6/ *Gobiopterus chuno*
7/ *Indostomus crocodilus*
8/ *Tateurndina ocellicauda*

Carinotetraodon travancoricus
3/35mm/20L/22-28°C/pH 7-8,5

Familie: Tetraodontidae
Handelsname: Indischer Zwergkugelfisch, Erbsen-Kugelfisch
Verbreitung: Asien: Indien.
Bemerkungen: Fleischfresser - Lebend- (z.B. kleine Schnecken) und Frostfutter, manchmal auch Flockenfutter. Territorialer Flossenfresser, der am besten im Artaquarium (in kleiner Gruppe von 5-6 Tieren) oder gemeinsam mit kurzflossigen Fischen in einem Aquarium gepflegt werden sollte, das mit Pflanzen, Wurzelstücken, Steinen und feinkörnigem Bodengrund eingerichtet ist.

Dario dario
3/25mm/25L/22-25°C/pH 6,5-8

Familie: Badidae
Handelsname: Roter Zwergblaubarsch, Scarlet-Blaubarsch
Verbreitung: Asien: Indien
Bemerkungen: Fleischfresser - feines Lebend- und Frostfutter, gelegentlich Trockenfutter. Ein Paar oder ein Männchen und mehrere Weibchen können gemeinsam gepflegt warden. Für mehrere Männchen ist ein größeres Aquarium nötig. Dicht bepflanztes Aquarium mit einigen Schwimmpflanzen und Javamoos sowie Versteckmöglichkeiten und Sandboden.

Dario hysginon
3/25mm/25L/22-27°C/pH 6-7,5

Familie: Badidae
Handelsname: Rotflammen-Zwergblaubarsch
Verbreitung: Asien: Myanmar.
Bemerkungen: Siehe Beschreibung von *Dario dario*.

Elassoma evergladei
2/35mm/30L/10-25°C/pH 7-8

Familie: Elassomatidae
Handelsname: Schwarzer Zwergbarsch
Verbreitung: Nordamerika: North Carolina bis Florida.

Bemerkungen: Fleischfresser und Allesfresser - feines Lebendfutter kombiniert mit Frost- und ein bisschen Trockenfutter. Bepflanztes Aquarium mit feinkörnigem Bodengrund. Eine scheue Art, die am besten im Artaquarium gepflegt werden sollte. Sollte für einige Monate im Jahr kühler (10-14 °C) gepflegt werden. Substratbrüter an Pflanzen.

Gobiopterus chuno
4/30mm/40L/23-26°C/pH 6,5-7,5

Familie: Gobiidae
Handelsname: Glasgrundel
Verbreitung: Südostasien
Bemerkungen: Fleischfresser (Zooplankton) - feines Lebendfutter wie frisch geschlüpfte Salinenkrebse. Friedliche und etwas scheue Art, die im unteren Bereich des Aquariums lebt. Bepflanztes Aquarium mit Verstecken und feinkörnigem Bodengrund. Toleriert auch Brackwasser. Am besten im Artaquarium zu pflegen.

Indostomus crocodilus
3/35mm/35L/24-27°C/pH 5,5-7

Familie: Indostomidae
Handelsname: Burmastichling
Verbreitung: Asien: Thailand
Bemerkungen: Fleischfresser - feines Lebendfutter. Friedlicher Fisch, der sich nur sehr langsam bewegt. Dicht bepflanztes Aquarium (auch mit Schwimmpflanzen) und feinkörniger Bodengrund. Guter Springer - bitte abdecken.

Tateurndina ocellicauda
2/75mm/40L/22-26°C/pH 6-7,5

Familie: Gobiidae
Handelsname: Schwanzfleck-Schläfergrundel, Pastellgrundel
Verbreitung: Ozeanien: östliches Papua-Neuguinea
Bemerkungen: Allesfresser - Kombination aus Lebend-, Frost- und Trockenfutter. Friedlicher Substratbrüter (häufig Höhlenbrüter), der nach dem Ablaichen etwas territorial wird. Am besten in einer kleinen Gruppe zu pflegen. Aquarium mit feinkörnigem Substrat, vielen Pflanzen und Verstecken (am besten flache Steine) einrichten.

4 Lennart Brimstedt

5 Mike Norén

6 Mike Norén

7 Ingo Seidel

8 Kjell Fohrman

Rötliche Pflanzen sind sehr hübsch, aber sie benötigen normalerweise mehr Licht. Das Foto zeigt *Eusteralis stellata*.

Pflanzen

Pflanzen spielen eine wichtige Rolle in einem Aquarium, da sie sehr zum Erhalt eines biologischen Gleichgewichts beitragen. Sie reinigen das Wasser, indem sie Schadstoffe aufnehmen, wie beispielsweise Stickstoffverbindungen und Phosphate (PO_4), die sich aus den Stoffwechselprodukten der Aquarientiere, nicht gefressenem Futter, abgestorbenen Pflanzen u.v.m. bilden können. Außerdem geben sie Sauerstoff ans Wasser ab, den sie unter Aufnahme von CO_2 aus dem Wasser produzieren. Weiterhin reduzieren sie die Ausbreitung von Algen, mit denen sie um Nährstoffe konkurrieren. Pflanzen schaffen Versteckplätze für kleine Fische und Garnelen. In einem Nano-Aquarium sollten etwa 60-80% des Bodens mit Pflanzen bedeckt sein (wenn Sie nicht gerade Tiere wie Krebse pflegen).

In ein Nano-Aquarium sollte man nur Pflanzen einsetzen, die nicht zu groß werden, da sie ansonsten sehr schnell das Aquarium gänzlich ausfüllen werden. Schnell wachsende Pflanzen entziehen dabei dem Wasser deutlich mehr Stickstoffverbindungen und Phosphate als langsam wachsende.

Platzieren der Pflanzen

Wenn Sie die Pflanzen einsetzen, sollten Sie die langsamer wachsenden Arten in den Vordergrund und die um einiges größeren Arten in den Hintergrund platzieren. Im Handel kann man auch Pflanzen kaufen, die auf Steinen oder Holzstücken aufgewachsen sind und die sich ebenfalls sehr gut zur Dekoration einsetzen lassen. Diese Art der Dekoration lässt sich auch sehr gut selbst herstellen.

Jan Ole Pedersen

Einige Pflanzen (hier *Microsorum pteropus*) werden bereits auf Steinen aufgewachsen angeboten.

Daniel Larsson

Algen können im Aquarium sehr dekorativ aussehen.

Es gibt viele verschiedene Einrichtungs-Stile unter Verwendung von Aquarienpflanzen. Ein berühmtes Beispiel ist der sogenannte Iwagumi-Stil, bei dem sehr viel Freiraum im oberen Bereich des Aquariums vorhanden bleibt, wohingegen der Boden mit einigen großen Steinen und einem Teppich aus Pflanzen bedeckt ist. Solche Aquarien sind wunderschön, bieten aber nur wenige Versteckmöglichkeiten für Tiere, so dass nur Tiere, die sehr klein sind oder die nicht unbedingt Verstecke benötigen, in ihnen gepflegt werden können.

Beleuchtung

Beleuchtungs-Beispiele für Nano-Aquarien finden Sie auf Seite 18. Für Wasserpflanzen muss das Licht nicht abdimmbar sein. Es sollte jedoch eine annehmbare Farbtemperatur (Farbton) haben. Sonnenlicht hat eine Farbtemperatur von ungefähr 6.000 Kelvin und es ist für das Wachstum der Pflanzen sehr förderlich, wenn die Beleuchtung eine ähnliche Farbtemperatur aufweist.

Kjell Fohrman

er Iwugami-Stil ist eine hübsche Form der Aquarien-Einrichtung.

Die Beleuchtung sollte 8-12 Stunden andauern und da Pflanzen eine längere Beleuchtungsdauer nicht verwerten können, würde diese nur das Algenwachstum fördern (diese können das Licht 24 Stunden lang ausnutzen!). Die Beleuchtung kann dabei auch in zwei Phasen aufgeteilt werden, beispielsweise mit einigen Stunden Licht in den Morgenstunden und dem Rest am Abend. Wenn man so verfährt, sollte während der unbeleuchteten Phase ein schwaches Licht im Raum vorhanden sein. Benutzen Sie immer eine Schaltuhr, um das Licht an- und auszuschalten.

Pflanzendünger

Der Einsatz eines Pflanzendüngers ist in stark bepflanzten Aquarien besonders anzuraten. Sie benötigen ein geeignetes Substrat, in dem die Pflanzen Wurzeln ausbilden können, und es ist deshalb vorteilhaft, einen Pflanzendünger in Tablettenform als lokalen Langzeitdünger in die Nähe der Wurzeln einzubringen.

Wenn CO_2 dem Wasser zugefügt wird, wachsen die Pflanzen zumeist besser. Das Foto zeigt *Hemianthus callitrichoides.*

Wenn Sie Pflanzen verwenden, die nicht im Boden wurzeln (z.B. Schwimmpflanzen oder Pflanzen, die auf Steinen oder Holzstücken aufgewachsen sind), sollten Sie einen flüssigen Pflanzendünger (der auch für andere Pflanzen genutzt werden kann) einsetzen. In einem normalen Aquarium werden durch die Aquarienbewohner in der Regel genug Stickstoffverbindungen und Phosphate produziert, aber wenn das Aquarium stark bepflanzt und nur schwach mit Fischen besetzt ist, reichen diese Pflanzennährstoffe häufig nicht aus. In diesem Falle sollten Sie einen Dünger verwenden, der diese Stoffe beinhaltet. In diesem Fall sollten Sie gelegentlich den Nitratgehalt des Wassers überprüfen und bei zu hohen Messwerten einen Wasserwechsel vornehmen. Sie sollten immer bedenken, dass Garnelen und Krebse recht empfindlich sind, so dass Sie nur Düngemittel verwenden sollten, die diese nicht gefährden.

CO_2

Das Anreichern des Aquarienwassers mit CO_2 (Kohlendioxid) hat positive Auswirkungen auf den Pflanzenwuchs und hat noch einige weitere Vorteile:
es versorgt die Pflanzen mit Kohlenstoff.
es senkt und stabilisiert den pH-Wert.
es verringert das Risiko von Algenproblemen.
Es gibt verschiedene Arten von CO_2-Sytemen: Flüssigkeiten, die Kohlendioxid enthalten, Systeme zur CO_2-Erzeugung durch Gärung (auf Basis von Hefe) sowie Systeme mit Kohlendioxid in Druckbehältern, die natürlich am besten funktionieren. Es ist wichtig, ein System auszuwählen, das die Zugabe von Kohlendioxid regulieren kann, um den pH-Wert stabil zu halten.

Pflanzen und Garnelen

Pflanzen werden vielfach ohne Substrat gezüchtet, wobei die Wurzeln Nährstoffe aus dem Wasser aufnehmen. Die Wasserpflanzen-Produzenten verwenden dabei häufig Chemikalien zur Vernichtung von Schädlingen. Die an neu erworbenen Pflanzen anhaftenden Reste dieser Chemikalien sind zumeist zu gering, um Fische gefährden zu können, aber Garnelen sind häufig deutlich empfindlicher und vertragen selbst Spuren von toxischen Substanzen ausgesprochen schlecht. Spülen Sie Wasserpflanzen also vor dem Einsetzen in das Aquarium gründlich ab (siehe Seite 25-27).

Sonja Cygnel

Pflanzen und Garnelen sind eine exzellente Kombination. Hier sitzt eine Kristallrote Zwerggarnele auf einem *Vallisneria*-Blatt.

Artbeschreibungen

Jede Pflanzen-Art wird hier mit den folgenden Daten vorgestellt:

Riccia fluitans

3/ 1-2 cm/ 5-7 cm / 3
2-5 /pH 5-8 / 10-28 ^{0}C

wobei:

3/ = Schwierigkeitsgrad auf einer Skala von 1-5; 1 = sehr einfach und 5 = sehr schwierig.

/ 1-2 cm/ = durchschnittliche Höhe nach 2 Monaten

/ 5-7 cm / = durchschnittliche Breite nach 2 Monaten

3/ = Wachstumsrate auf einer Skala von 1 bis 5: 1 = sehr schnell; 5 = sehr langsam.

2-5 / = Lichtansprüche auf einer Skala von 1 bis 5: 1 = sehr niedrig; 5 = sehr hoch.

/pH 5-7 / = geeigneter pH-Wert.

/10-28 ^{0}C/ = geeignete Temperatur in °Celsius.

Lennart Brimstedt

Nahaufnahme von *Salvinia natans*.

Kjell Fohrman

Anubias barteri var. *nana*

1/5-15cm/8-12 cm/1
1-3/20-30°C/pH 5.5-9
Familie: Azollaceae
Handelsname: Kleiner Algenfarn
Herkunft: Nord-, Mittel- und Südamerika
Bemerkungen: Schwimmpflanze. Verringert das Algenwachstum.

Peter Nyman

Azolla caroliana

4/1-2cm/1-2 cm/3
3-5/5-26°C/pH 6-8
Familie: Azollaceae
Handelsname: Kleiner Algenfarn
Herkunft: Nord-, Mittel- und Südamerika
Bemerkungen: Schwimmpflanze. Verringert das Algenwachstum.

Jan Ole Pedersen

Bacopa caroliniana

3/20-40cm/20-50 cm/2
3-5/15-28°C/ pH 5-8
Familie: Scrophulariaceae
Handelsname: Großes Fettblatt
Herkunft: Südamerika
Bemerkungen: In kleinen Gruppen pflanzen. Am besten für größere Nanos geeignet, aber bleibt bei regelmäßiger Umpflanzung kleiner und eignet sich dann auch für kleinere Nanos.

Kjell Fohrman

Blepharostoma trichophyllum

3/1-2cm/2-3cm/2
2-4/22-28°C/pH 5-7,5
Familie: Pseudolepicoleaceae
Handelsname: Perlmoos
Herkunft: Nordamerika
Bemerkungen: Weiche, moosähnliche Pflanze mit kleinen, runden Blättern (sieht wie aufgereihte kleine Perlen aus, deshalb der Name Perlmoos).

Jan Ole Pedersen

Blyxa aubertii

4/ 10-30cm/5-10 cm/3
3-5/22-28°C/pH 5,5-7,5
Familie: Hydrocharitaceae
Handelsname: Auberts Fadenkraut
Herkunft: Südostasien
Bemerkungen: In kleinen Gruppen pflanzen. Benötigt weiches Wasser und CO_2. Nur für größere Nanos geeignet, aber es existiert auch eine kleinere rote Variante auf dem Markt, die sich besser für Nanos eignet.

Anders Johnsson

Blyxa japonica

4/7-15cm/5-10cm/3
3-5/22-28°C/pH 5,5-7,5
Familie: Hydrocharitaceae
Handelsname: Kleines Blyxkraut
Herkunft: Südostasien
Bemerkungen: Recht schwierig. In kleinen Gruppen pflanzen. Benötigt weiches Wasser und CO_2.

Jan Ole Pedersen

Bolbitis heudelotii
4/15-40cm/15-30cm/2
1-4/20-28°C/pH 5-7
Familie: Lomariopsidaceae
Handelsname: Kongo-Wasserfarn
Herkunft: Afrika
Bemerkungen: Die Wurzeln sollten nicht komplett mit Substrat bedeckt werden; am besten auf Steinen oder Hölzern aufbinden. Wächst deutlich besser mit CO_2.

Peter Nyman

Cabomba furcata
4/30-80cm/5-10cm/4
4-5/18-26°C/pH 4-7
Familie: Cabombaceae
Handelsname: Rote Haarnixe
Herkunft: Mittel- und Südamerika
Bemerkungen: In kleinen Gruppen pflanzen. Benötigt weiches Wasser, eine starke Beleuchtung, CO_2 und viel Pflanzendünger. Regelmäßig einkürzen, wenn die Pflanze zu groß wird.

Jan Ole Pedersen

Ceratophyllum demersum
1/15-60 cm/5-20cm/4
1-5/10-28°C/pH 6-9
Familie: Ceratophyllaceae
Handelsname: Hornkraut
Herkunft: Kosmopolit
Bemerkungen: Verringert das Algenwachstum. Kann sowohl in Substrat eingepflanzt als auch als Schwimmpflanze genutzt werden. Regelmäßig einkürzen, wenn die Pflanze zu groß wird.

Kjell Fohrman

Cladophora aegagrophila
2/3-10cm/3-10cm/1
1-4/5-28°C/pH 6-8,5
Familie: Cladophoraceae
Handelsname: Mooskugel
Herkunft: Kosmopolit
Bemerkungen: Muss regelmäßig gewendet werden. Kann in kleinere Stücke aufgeteilt und auf Steine etc. aufgebunden werden. Toleriert Brackwasser.

Kjell Fohrman

Cratoneuron filicinum
2/3-5cm/2-3cm/3
2-3/16-28°C/pH 6-8
Familie: Amblystegiaceae
Handelsname: Triangelmoos
Herkunft: Südostasien
Bemerkungen: Ein kräftig grünes Moos mit aufrechtem Wuchs, das auf Steinen oder Holz aufgebunden werden kann. Toleriert hartes Wasser.

Kjell Fohrman

Cryptocoryne parva
3/5-10cm/5-7cm/2
3-5/20-29°C/pH 5,5-8
Familie: Araceae
Handelsname: Zwergwasserkelch
Herkunft: Sri Lanka
Bemerkungen: Nährstoffreicher Boden ist wichtig. Wenige Zentimeter voneinander entfernt einpflanzen. Benötigt einige Zeit, um sich an die Bedingungen anzupassen.

1
Kjell Fohrman

***Cryptocoryne wendtii* „Flamingo“**
3/2-4cm/3-5cm/2
3-5/22-28°C/pH 5-7,5
Familie: Araceae
Handelsname: Flamingo-Wasserkelch
Herkunft: Zuchtform
Bemerkungen: Farbform, die bei der Kultur von *C. wendtii* herausgezüchtet wurde.

2
Kjell Fohrman

***Cryptocoryne wendtii* „Brown “**
2/15-30cm/10-15cm/3
2-4/20-30°C/pH 5,5-9
Familie: Araceae
Handelsname: Wendts Wasserkelch
Herkunft: Sri Lanka
Bemerkungen: Nährstoffreicher Boden ist wichtig. Benötigt einige Zeit, um sich an die Bedingungen anzupassen. Verträgt plötzliche Veränderungen des Lichts und der Wasserbedingungen schlecht.

3
Johan Sträng

Diplidis diandra
4/10-15cm/2-4cm/3
3-5/20-26°C/pH 5-8
Familie: Lythraceae
Handelsname: Amerikanische Bachbunge
Herkunft: Nordamerika
Bemerkungen: Schöne Pflanze, die bei starkem Licht rötlich erscheint. Wächst viel besser in weichem Wasser und mit CO_2.

4
Jan Ole Pedersen

***Echinodorus schlueteri* x *barthii* „Ozelot“**
2/20-40cm/25-30cm/3
2-5/15-30°C/pH 6-9
Familie: Alismataceae
Herkunft: Hybrid-Zuchtform
Bemerkungen: Kreuzung zwischen *E. schlueteri* „Leopard“ und *E. barthii.* Nur für größere offene Nanos geeignet, bei denen die Pflanze über die Wasseroberfläche hinauswachsen kann.

5
Peter Nyman

***Echinodorus schlueteri* x *barthii* „Green Ozelot“**
2/20-40cm/25-30cm/3
2-5/15-30°C/pH 6-9
Familie: Alismataceae
Herkunft: Hybrid-Zuchtform
Bemerkungen: Das ist die grüne Zuchtform von *E. schlueteri* x *barthii* 'Ozelot'.

6
Kjell Fohrman

Echinodorus quadricostatus* var. *magdalenensis
2/10-15cm/15-20cm/4
2-5/20-28°C/pH 6-9
Familie: Alismataceae
Herkunft: Südamerika: Kolumbien
Bemerkungen: Kann als teppichbildende Pflanze im Aquarium genutzt werden. Wenige Zentimeter voneinander entfernt pflanzen.

Jan Ole Pedersen

Echinodorus tenellus
3/5-10cm/5-8cm/3
3-5/20-30°C/pH 5,5-8
Familie: Alismataceae
Handelsname: Grasartige Schwertpflanze
Herkunft: Südamerika
Bemerkungen: Kann als teppichbildende Pflanze im Aquarium genutzt werden. Wenige Zentimeter voneinander entfernt pflanzen.

Kjell Fohrman

Egeria densa
2/30-50cm/3-5cm/5
2-5/10-26°C/pH 5-9
Familie: Hydrocharitaceae
Handelsname: Dickblättrige Wasserpest
Herkunft: Südamerika, anderorts eingeführt
Bemerkungen: Gut gegen Algenwuchs. Wächst viel schneller bei starkem Licht. Regelmäßig einkürzen, wenn die Pflanze zu groß wird und Spitzen wieder in das Substrat einsetzen.

Ove Berthling

Eleocharis acicularis
2/10-15cm/5-8cm/3
3-5/15-25°C/pH 5-8
Familie: Cyperaceae
Handelsname: Nadelsimse
Herkunft: Zirkumboreale Verbreitung im gesamten amerikanischen Raum; anderorts eingeführt.
Bemerkungen: Kann als teppichbildende Pflanze im Aquarium genutzt werden. Spitzen regelmäßig einkürzen, wenn die Pflanze zu groß wird. 2 cm voneinander entfernt pflanzen.

Kjell Fohrman

Eleocharis parvula
2/3-7cm/5-10cm/3
3-5/10-28°C/pH 5,5-8
Familie: Cyperaceae
Handelsname: Zwerg-Nadelsimse
Herkunft: Nord-/Mittelamerika, Eurasien
Bemerkungen: Kann als teppichbildende Pflanze im Aquarium genutzt werden. Spitzen regelmäßig einkürzen, wenn die Pflanze zu groß wird. 2 cm voneinander entfernt pflanzen. CO_2 anzuraten.

Christian Alfredsson

Eleocharis vivipara
1/10-30cm/5-10cm/3
2-5/10-26°C/pH 5,5-8
Familie: Cyperaceae
Handelsname: Regenschirmsimse
Herkunft: USA
Bemerkungen: Kann recht "wild" wachsen und dann gute Versteckplätze für kleinere Fische und Garnelen bieten. Nur für größere Nanos geeignet.

Kjell Fohrman

Eusteralis stellata
5/15-25cm/10-20cm/3
4-5/22-28°C/pH 5-7
Familie: Lamiaceae
Handelsname: Sternpflanze
Herkunft: Südostasien
Bemerkungen: Starkes Licht und CO_2 nötig.

Kjell Fohrman

1

Fontinalis hypnoides

2/3-5cm/2-3cm/2
2-4/22-28⁰C/pH 5,5-7,5
Familie: Fontinalaceae
Handelsname: Quellmoos, Willowmoos
Herkunft: USA
Bemerkungen: Aufrecht wachsendes Moos, das langsam auf dem Substrat festwächst. CO_2 ist anzuraten.

Kjell Fohrman

2

Glossostigma elatinoides

5/2-4cm/3-5cm/4
4-5/15-26⁰C/pH 5-7,5
Familie: Scrophulariaceae
Handelsname: Australisches Zungenblatt
Herkunft: Australien und Neuseeland
Bemerkungen: Wenn das Licht zu schwach ist, wird die Pflanze keinen "Teppich" ausbilden. Toleriert Brackwasser. Feinkörniges Substrat, weiches Wasser und CO_2 ist notwendig.

Kjell Fohrman

3

Hemianthus callichtroides

3/3-20cm/3-10cm/4
1-5/18-28⁰C/pH 5-7,5
Familie: Scrophulariaceae
Handelsname: Perlenkraut, HC
Herkunft: Cuba, eventuell auch anderswo
Bemerkungen: Wird einen "Teppich" ausbilden. Starkes Licht fördert einen kräftigen und kompakten Wuchs. Feinkörniges Substrat, Pflanzendünger und CO_2 sind anzuraten.

Peter Nyman

4

Hemianthus micranthemoides

4/5-15cm/5-15cm/4
3-5/20-28⁰C/pH 5-8
Familie: Scrophulariaceae
Handelsname: Amerikanisches Perlkraut, Zierliches Perlkraut
Herkunft: Südöstliches Nordamerika
Bemerkungen: Wird einen "Teppich" ausbilden. Sehr starkes Licht fördert einen kräftigen und kompakten Wuchs. Feinkörniges Substrat, Pflanzendünger und CO_2 sind anzuraten.

Jan Ole Pedersen

5

Heteranthera zosterifolia

2/25-40cm/10-15cm/4
3-5/ 18-30⁰C/pH 5,5-8
Familie: Pontederiaceae
Handelsname: Seegrasblättriges Trugkölbchen
Herkunft: Südamerika
Bemerkungen: Kann sehr groß werden und muss deshalb regelmäßig gekürzt werden. In sehr starkem Licht kann die Pflanze einen „Teppich" ausbilden.

Jan Ole Pedersen

6

Hydrocotyle leucocephala

2/10-20cm/5-15cm/4
2-5/15-28⁰C/pH 5-9
Familie: Apiaceae
Handelsname: Wassernabel
Herkunft: Südamerika
Bemerkungen: Kann sowohl in Substrat eingepflanzt als auch als Schwimmpflanze genutzt werden. Nur für größere Nanos geeignet.

Kjell Fohrman

Jan Ole Pedersen

Kjell Fohrman

Lemna minor
1/1-3cm/10-25cm/4
1-5/6-30°C/pH 6-9
Familie: Araceae
Handelsname: Entengrütze
Herkunft: Gemäßigte Zonen weltweit
Bemerkungen: Schwimmpflanze, die zumeist als Plage im Aquarium angesehen wird. Verschwindet bei starker Wasserbewegung. Gut zur Algenbekämpfung.

Lilaeopsis brasiliensis
4/4-7cm/5-8cm/2
4-5/15-26°C/pH 6-8
Familie: Apiaceae
Handelsname: Graspflanze
Herkunft: Südamerika: Brasilien, Argentinien und Paraguay
Bemerkungen: Kann in sehr starkem Licht einen dichten "Teppich" ausbilden. Wenige Zentimeter voneinander entfernt einpflanzen. Toleriert Brackwasser.

Limnophila aromatica
4/25-40cm/5-8cm/2
4-5/22-28°C/pH 5-7
Familie: Scrophulariaceae
Handelsname: Aromatischer Sumpffreund, Reisfeldpflanze
Herkunft: Südostasien
Bemerkungen: Zahlreiche Varianten von *L. aromatica* existieren im Handel. CO_2 ist notwendig.

Jan Ole Pedersen

Kjell Fohrman

Kjell Fohrman

Limnophila sessiliflora
3/15-30cm/4-8cm/4
3-5/20-30°C/pH 5-8
Familie: Scrophulariaceae
Handelsname: Kleine Ambulie
Herkunft: Südostasien
Bemerkungen: In kleinen Gruppen pflanzen. Starkes Licht und CO_2 sind anzuraten. Wächst sehr schnell, so dass sie regelmäßig gekürzt und wieder neu eingepflanzt werden sollte.

***Ludwigia inclinata* var. *verticillata* „Cuba"**
3/10-30cm/10-15cm/2
3-5/18-28°C/pH 5-7,5
Familie: Onagraceae
Herkunft: Cuba
Bemerkungen: Starke Beleuchtung, CO_2 und zusätzliche Düngung sind anzuraten. Wenn diese Pflanze eine Weile submers wächst, werden ihre Blätter lang, dünn und „rötlicher".

Ludwigia mullertii
3/25-40cm/5-10cm/3
3-5/ 18-28°C/pH 6-8
Familie: Onagraceae
Handelsname: Red Ludwigia
Herkunft: Nordamerika
Bemerkungen: Leicht zu pflegende Pflanze; Blätter entwickeln bei starker Beleuchtung verschiedene Rottöne.

Kjell Fohrman

1

***Ludwigia repens* „Rubin“**
1/20-40cm/5-15cm/2
2-5/15-30°C/pH 5-8
Familie: Onagraceae
Handelsname: Kriechende Ludwigie
Herkunft: Nordamerika
Bemerkungen: Leicht zu pflegen, aber bildet bei starker Beleuchtung eine bessere Färbung aus.

Kjell Fohrman

2

Marsilea hirsuta
4/2-10cm/5-20cm/3
1-4/ 18-28°C/pH 5-7,5
Familie: Marsileaceae
Handelsname: Zwergkleefarn
Herkunft: Australien
Bemerkungen: Diese Pflanze kann in ihrer Größe stark variieren und abhängig von den Bedingungen unterschiedliche Wuchsformen der Blätter ausbilden.

Peter Nyman

3

Mayaca fluviatilis
3/20-35cm/10-20cm/4
3-4/22-30°C/pH 5,5-7,5
Familie: Maiacaceae
Handelsname: Bras. Mooskraut
Herkunft: Südliche USA bis hinunter nach Südamerika
Bemerkungen: Muss regelmäßig eingekürzt werden, da sich die Pflanze ansonsten zu stark ausbreitet. Ein Eisendünger ist notwendig, CO_2 ist anzuraten.

Cecilia Knutsäter

4

Micranthemum umbrosum
3/10-15cm/1-1.5cm/4
4-5/20-26°C/pH 5,5-8
Familie: Scrophulariaceae
Handelsname: Perlenkraut
Herkunft: Nordamerika
Bemerkungen: Gruppenweise zu pflanzen. Starkes Licht und CO_2 sind anzuraten. Wächst anfänglich langsam, aber nach Eingewöhnung recht schnell.

Jan Ole Pedersen

5

Microsorum pteropus
1/15-30cm/12-25cm/2
1-4/18-30°C/pH 5-8
Familie: Polypodiaceae
Handelsname: Javafarn
Herkunft: Südostasien
Bemerkungen: Am besten auf Steinen oder Holz aufbinden. Wenn man diese Pflanze einpflanzt, sollten die Wurzeln nicht mit Substrat bedeckt werden.

Jan Ole Pedersen

6

***Microsorum pteropus* „Windeløv“**
1/10-20cm/12-20cm/2
1-3/18-30°C/pH 5-8
Familie: Polypodiaceae
Handelsname: Windeløv-Javafarn
Herkunft: Zuchtform von *M. pteropus*
Bemerkungen: Am besten auf Steinen oder Holz aufbinden. Wenn man diese Pflanze einpflanzt, sollten die Wurzeln nicht mit Substrat bedeckt werden. Die Spitzen der Blätter sind bei dieser Zuchtform fein verzweigt.

Kjell Fohrman

Monosolenium tenerum
2/2-5cm/3-10cm/ 3
1-5/5-28°C/pH 5-8
Familie: Monoseleniaceae
Handelsname: Pelliamoos, Lebermoos
Herkunft: Asia
Bemerkungen: Eine recht brüchige Pflanze, von der leicht Stücke abbrechen. Es ist anzuraten, die Pflanze auf Steine aufzubinden oder kleine Stücke zwischen andere Pflanzen zu setzen.

Kjell Fohrman

***Najas* sp.**
1/5-20 cm/5-20cm/4
1-5/20-28°C/pH 6,5-8
Familie: Najadaceae
Handelsname: Nixkraut
Herkunft: Kosmopolit, vor allem in Süd-, Mittel- und Nordamerika
Bemerkungen: Verschiedene *Najas*-Arten sind im Handel erhältlich und viele davon sind einfach zu pflegende Schwimmpflanzen, die viele Versteckmöglichkeiten für Jungfische und kleine Garnelen bieten.

Peter Nyman

Nesaea crassicaulus
4/25-40cm/8-15cm/3
4-5/22-28°C/pH 5,5-8,5
Familie: Lythraceae
Handelsname: Dickstängelige Nesaea
Herkunft: Tropisches Afrika
Bemerkungen: Anspruchsvolle Pflanze, die sehr viel Licht benötigt. Stellen Sie sicher, dass auch die unteren Blätter ausreichend Licht bekommen. Ansonsten sterben sie ab.

Kjell Fohrman

Kjell Fohrman

Kjell Fohrman

***Nesaea* sp.**
3/20-30cm/5-12cm/3
3-5/22-28°C/pH 6-7,5
Familie: Lythraceae
Handelsname: Rotgrüne Nesaea.
Herkunft: Tropisches Afrika
Bemerkungen: Benötigt viel Licht, eine zusätzliche Düngung und CO_2.

Pogostemon helferi
3/2-10cm/5-10cm/3
2-5/20-30°C/pH 6,5-7,5
Familie: Lamiaceae
Handelsname: Sternkraut, Kleiner Wasserstern
Herkunft: Südostasien
Bemerkungen: Recht kompakte Pflanze, die ein nährstoffreiches Pflanzsubstrat benötigt. Bei starkem Licht bildet sie einen „Teppich" aus. Das Wasser sollte nicht zu weich sein.

***Proserpinaca palustris* „Cuba"**
4/10-30cm/5-15cm/2
3-5/10-28°C/pH 5-7,5
Familie: Haloragaceae
Handelsname: Sumpfkammkraut
Herkunft: Nordamerika und Cuba
Bemerkungen: Emerse Pflanzen mit gesägten Blättern. Bei submerser Pflege entwickeln die Pflanzen nach einer Weile fein gezahnte, nadelförmige Blätter. Eisendünger vermeiden. Keine gute Pflanze für Nanos.

Johan Sträng

Riccia fluitans
3/1-3cm/5-7 cm/3
2-5/10-28°C/pH 5-8
Familie: Ricciaceae
Handelsname: Flutendes Teichlebermoos
Herkunft: Afrika, Asien and Amerika
Bemerkungen: Normalerweise eine Schwimmpflanze, aber sie kann auch auf einen Stein aufgebunden werden (Mit Angelsehne, Garn oder besser einem Haarnetz). Die Pflanze wächst jedoch nicht fest. Sie muss dann regelmäßig mit der Schere gestutzt werden. CO_2 ist anzuraten.

Peter Nyman

1

***Rotala* sp. „Nanjenshan"**
3/10-20cm/2-6cm/4
4-5/20-30°C/pH 5,5-8
Familie: Lythraceae
Handelsname: Taiwan-Weiderich
Herkunft: Südostasien
Bemerkungen: Eine kleine *Rotala*, die in kleinen Grüppchen gepflanzt werden sollte, nicht zu dicht beieinander. Starke Beleuchtung und CO_2 sind anzuraten.

Martin Pannecke

2

Ove Berthling

3

Jan Ole Pedersen

4

Rotala rotundifolia
2/30-50cm/3-8cm/4
3-5/18-30°C/pH 5-8
Familie: Lythraceae
Handelsname: Kleine Rotala, Rundblättrige Rotala
Herkunft: Südostasien
Bemerkungen: In kleinen Gruppen pflanzen, nicht zu dicht beieinander. Muss gestutzt werden, wenn sie zu groß wird. Starke Beleuchtung und CO_2 sind anzuraten.

Rotala wallichii
4/10-30cm/2-5cm/4
3-5/18-28°C/pH 5-7
Familie: Lythraceae
Handelsname: Rotes Mooskraut
Herkunft: Südostasien
Bemerkungen: In kleinen Gruppen pflanzen, nicht zu dicht beieinander. Muss gestutzt werden, wenn sie zu groß wird. Starke Beleuchtung, saures Wasser und CO_2 sind notwendig.

Sagittaria subulata
2/5-30cm/10-15cm/4
2-5/16-28°C/pH 6-9
Familie: Alismataceae
Handelsname: Kleines Pfeilkraut, Schmalblättriges Pfeilkraut
Herkunft: Südamerika
Bemerkungen: Sollte 2-4 cm voneinander entfernt gepflanzt werden. Normalerweise nicht größer als 10-15 cm, aber ältere Pflanzen werden manchmal sehr groß. In schwachem Licht sind die Pflanzen großwüchsig.

Lennart Brimstedt

Kjell Fohrman

Salvinia natans
3/1-3cm/5-10cm/3
4-5/12-28°C/pH 5,5-8,5
Familie: Salviniaceae
Handelsname: Schwimmfarn
Herkunft: Tropischer Kosmopolit außerhalb Asiens und Australiens
Bemerkungen: Schwimmpflanze, die sehr schnellwüchsig ist, wenn genügend Nährstoffe und Licht vorhanden sind. Verringert das Algenwachstum.

***Staurogyne* sp.**
2/3-10cm/5-10cm/2
3-5/20-28°C/pH 6-8
Familie: Acanthaceae
Herkunft: Brazil
Bemerkungen: Kompakte und anspruchslose Pflanze. Vor dem Einpflanzen sollten die längsten aufrechten Triebe abgeschnitten werden. Daraufhin wird sich die Pflanze mehr horizontal ausbreiten.

Jan Ole Pedersen

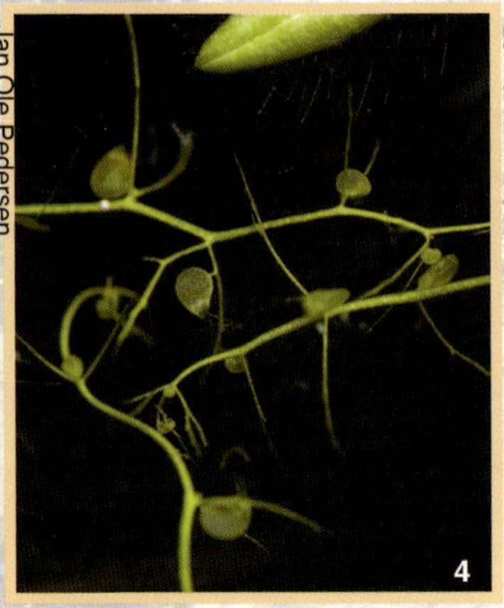

Lennart Brimstedt

Lennart Brimstedt

Taxiphyllum barbieri
3/5-8cm/5-8cm/3
1-5/20-28°C/pH 6-8,5
Familie: Hypnaceae
Handelsname: Java-Moos
Herkunft: Südostasien
Bemerkungen: Kann frei schwimmend wachsen oder auf Steinen oder Holz aufgebunden werden (wächst bei starkem Licht besser). Bietet gute Versteckmöglichkeiten für Jungfische und kleine Garnelen. Toleriert Brackwasser. Früher bekannt als *Vesicularia dubyana*.

Utricularia gibba
3/10-15cm/10-15cm/3
3-5/16-28°C/pH 6-7
Familie: Lentibulariaceae
Handelsname: Flutender Wasserschlauch, Zwergwasserschlauch
Herkunft: Kosmopolit
Bemerkungen: Kann kleine Insektenlarven und Wirbellose fangen und fressen. Vorwiegend eine Schwimmpflanze, die saures und nährstoffreiches Wasser und starkes Licht bevorzugt.

Kjell Fohrman

1

Kjell Fohrman

2

Utricularia graminifolia
4/2-5cm/5-8 cm/3
2-4/16-28°C/pH 6-7,5
Familie: Lentibulariaceae
Handelsname: Kleiner Wasserschlauch
Herkunft: Asia
Bemerkungen: Kann kleine Insektenlarven und Wirbellose fangen und fressen. Schwierig an neue Bedingungen anzupassen, aber kann einen dichten „Teppich" bilden. Für die Pflege ist Düngung erforderlich, CO_2 ist anzuraten. Einige Zentimeter voneinander entfernt einsetzen. Eine hübsche, aber problematische Pflanze.

Vallisneria nana
2/15-50cm/2-10cm/3
2-4/20-28°C/pH 6-8,5
Familie: Hydrocharitaceae
Handelsname: Zwergvallisnerie
Herkunft: Australien
Bemerkungen: Eine neue *Vallisneria*, deren Blätter schmaler als bei anderen *Vallisneria*-Arten sind. Einstutzen, wenn die Pflanze zu groß wird.

Kjell Fohrman

3

***Vesicularia dubyana* „Christmas"**
3/1-3cm/3-5cm/2
1-4/15-28°C/pH 5,5-9
Familie: Hypnaceae
Handelsname: Weihnachtsmoos
Herkunft: Südamerika.
Bemerkungen: Anspruchsvollere und langsamer wachsende Pflanze als das normale Javamoos (*Taxiphyllum barbieri*). Kann auf Steinen oder Holz aufgebunden werden, aber muss beschnitten werden, um die richtige Form zu behalten. Häufig als *V. montagnei* 'Christmas' gehandelt, aber dieser Name ist falsch.

Informationsquellen

Dieses Buch beinhaltet eine Menge Informationen, die meisten davon entstammen von den Autoren, die in den vielen Jahren ihrer aquaristischen Tätigkeit viele Erfahrungen mit ihren Aquarien ansammeln konnten. Jedoch finden sich hierin auch Informationen, die aus Diskussionen, Vorträgen etc. von anderen Aquarianern übernommen wurden. Wir haben einige dieser Aquarianer auf Seite 7 besonders erwähnt.

Aquarien-Magazine und -bücher sind ebenfalls eine gute Informationsquelle. Darüber hinaus haben wir weiterhin Informationen von Webseiten genutzt und aus diesem Grunde wollen wir zwei dieser Seiten besonders erwähnen:
www.fishbase.org: diese Seite ist die Quelle für viele Informationen über die hier behandelten Fische, besonders über deren Verbreitung.
www.tropica.com: Die Webseite der dänischen Firma Tropica Aquariumpflanzen. Die meisten Daten zu Beginn der Pflanzensteckbriefe entstammen dieser Seite.

Sie können zusätzliche Informationen weiterhin auf der Webseite der Autoren finden (siehe Rückumschlag).

Wir möchten weiterhin empfehlen, dass jeder Aquarianer mi einem Aquarienverein in Kontakt treten sollte, da dieses der einfachste Weg ist, um gleich gesinnte Leute zu treffen und sich mit ihnen über sein Hobby zu unterhalten. Auf diesem Wege kann man am schnellsten dazulernen und so zum Experten heranwachsen. Eine weitere Möglichkeit, neue Informationen über seine Lieblinge zu erfahren ist der regelmäßige Erwerb einer der zahlreichen Aquarienmagazine, die auf der ganzen Welt erscheinen.

Foto-Index

In diesem Buch haben wir eine ganze Reihe von hervorragenden Fotos einiger exzellenter Fotografen nutzen dürfen. Wir sind für ihre Unterstützung sehr dankbar, da diese Fotos die Qualität dieses Buches stark verbessert haben.

Unten finden Sie eine Liste der Fotografen und der Fotos, die sie zur Verfügung gestellt haben, unter Angabe der Seiten- und Fotonummer, also z.B. 66/2 = Seite 66 Foto Nr. 2, oder auch 7 = alle Fotos auf Seite 7.

Index

Fett gedruckte Einträge (**59**) bedeuten, dass lediglich ein Foto auf diese Seite vorhanden ist.

Einträge im normalen Stil (59) bedeuten, dass sowohl ein Foto als auch eine Beschreibung der Art auf dieser Seite zu finden sind.

Andere Bücher von

Back to Nature

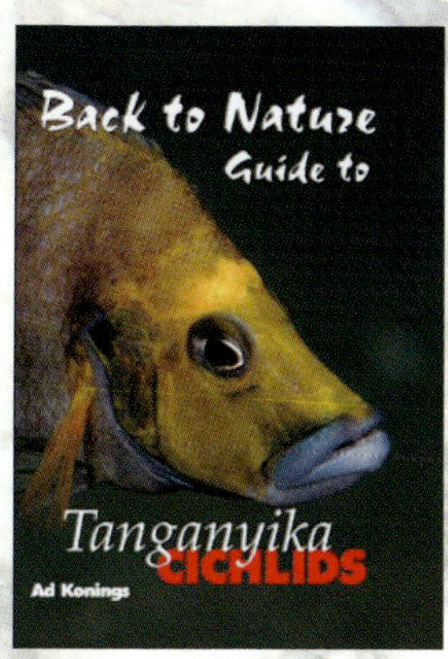

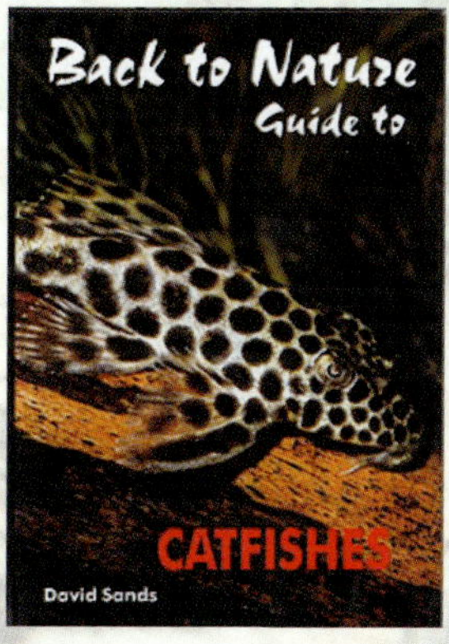

Bücher von Back to Nature im Internet
www.backtonature.nu